Introduction to the
Theory of Quantum
Information Processing

量子信息处理导论

〔匈〕亚诺什·博古 著
〔美〕马克·希勒里

张 盛 章越新 译

U0282602

通俗易懂的概念引导

深入浅出的原理解析

经典的技术应用案例

初学者的理想入门指南

西安交通大学出版社
XI'AN JIAOTONG UNIVERSITY PRESS

Translation from the English language edition:
Introduction to the Theory of Quantum Information Processing
by János A. Bergou and Mark Hillery
Copyright © Springer Sience+Business Media New York 2013
Originally published by Springer Nature
The registered company is Springer Sience+Business Media,LLC
All Rights Reserved

本书中文简体字版由施普林格·自然集团授权西安交通大学出版社独家出版发行。
未经出版者预先书面许可,不得以任何方式复制或发行本书的任何部分。

陕西省版权局著作权合同登记号　图字 25－2018－072 号

图书在版编目(CIP)数据

量子信息处理导论/(匈)亚诺什·博古(János Bergou),
(美)马克·希勒里(Mark Hillery)著.张盛,章越新译.—西安:
西安交通大学出版社,2018.11
书名原文:Introduction to the Theory of Quantum
Information Processing
ISBN 978－7－5693－0897－6

Ⅰ.①量… Ⅱ.①亚… ②马… ③张… ④章…
Ⅲ.①量子—信息处理—研究生—教材 Ⅳ.①O413

中国版本图书馆 CIP 数据核字(2018)第 222375 号

书　　名	量子信息处理导论
著　　者	(匈)亚诺什·博古(János Bergou)　(美)马克·希勒里(Mark Hillery)
译　　者	张　盛　章越新
责任编辑	郭鹏飞
出版发行	西安交通大学出版社
	(西安市兴庆南路 1 号　邮政编码 710048)
网　　址	http://www.xjtupress.com
电　　话	(029)82668357　82667874(发行中心)
	(029)82668315(总编办)
传　　真	(029)82668280
印　　刷	西安日报社印务中心
开　　本	720mm×1000mm　1/16　印张 8.75　字数 160 千字
版次印次	2019 年 10 月第 1 版　2019 年 10 月第 1 次印刷
书　　号	ISBN 978－7－5693－0897－6
定　　价	58.00 元

读者购书、书店添货、发现印装质量问题,请与本社发行中心联系、调换。
订购热线:(029)82665248　(029)82665249
投稿热线:(029)82665127
读者信箱:lg_book@163.com

版权所有　侵权必究

译 者 序

　　近年来,全球掀起了一股"量子"热潮,世界各国都在不遗余力地发展量子信息技术,力争抢占学术领域高地。可以毫不夸张地说,一场覆盖全球的量子信息革命出现在即。与此同时,国内有关量子信息技术的教材、译著也日渐涌现,大众学习量子信息技术的热情与日俱增。因此,翻译此书的目的也是适应形势,让国内更多的读者能够接触到国外一些优秀的量子信息技术教材。本书原本是美国纽约市立大学(CUNY)量子信息专业研究生第一学期的课程内容,适合于具有一定理论基础的大学生及量子信息领域初学者和爱好者进行自学研究。本书基本上涵盖了量子信息的所有概念,但并没有深入展开讲述,还需读者自行查阅相关参考文献以进一步了解。因此,译者将本书定位为探索量子信息领域的"入门指南"。

　　本书通过物理原理和数学模型向读者展示了量子信息有别于经典信息的特征。第 1 章简述了量子比特概念及模型,量子态密度矩阵及其表示方式,随后研究了量子力学中十分重要的一个理论——纠缠现象,并介绍 Bell 不等式、纠缠检测、纯态和混合态的纠缠量化等重要概念。同时举了两个利用纠缠理论实现量子通信的实例,即隐态传输和密集编码。接下来讨论了广义量子动力学,重点讲解了幺正演化和量子映射概念。量子映射是一个重要的概念,即在不同的算子和环境作用下量子态发生相应变化。之后介绍量子测量理论,其中提到了一个重要的概念——正算子取值测度(POVM),它是一种标准投影测量,主要用在区分两种非正交量子态问题中。本书选取了两种经典的量子态区分策略,即最小差错策略和无错区分策略。在介绍完量子信息的基本概念和操作后开始讨论量子密码学,主要介绍了 B92 量子通信协议和 BB84 量子通信协议,并介绍了量子秘密共享这一概念。第 7 章单独介绍量子计算,包括 Deutsch-Jozsa 算法、Bernstein-Vazirani 算法、Grover 搜索算法以及周期搜索,并着重介绍量子游走这一概念。随后讨论量子计算机,它是一种量子操作设备,可将经典计算机中的程序用量子态进行替换以实现一些基本的量子计算功能,并点出量子计算机相较于经典计算机的优势在于功能更换方便,不用直接硬线接入设备中。最后一章讨论量子纠错,列举了常见的比特翻转误码和相位翻转误码及对应的纠错方式。

学习此书无需读者具备专业的物理学知识基础，但为方便理解，建议读者需掌握一定的线性代数、向量空间、概率论等方面的数学知识。

至于选择本书的理由，译者认为国外不乏同类书籍比此书介绍得更加详尽，但该书难度适宜，并且大部分读者在吃透本书的知识点后再深入研究该领域会显得游刃有余。此外，当前市面上一些面向广大量子信息爱好者的书籍多以科普为主，缺乏一定的专业指导性，故译者深感到翻译此书的重要性。因此，译者在西安交通大学出版社的大力支持下共同完成本书的翻译工作。尽管译者多方查阅资料、咨询专家翻译此书，但鉴于水平有限，译著定会存在诸多不足之处，欢迎广大读者批评指正，译者将不胜感激！

书中所涉及的字母、公式、人名等均沿用原著表示方法，未增加中文音译；相关专有名词均按照国内教材通用表述方式进行翻译。

译者

2019 年 8 月于福建福州

前　言

　　本书为研究生第一学期课程内容，自 2003 春季学期在纽约市立大学研究生中心首次开课以来，目前已授课多次。课上，学生们的水平不亚于物理学家，可以认为他们的量子力学知识已经达到研究生一年级水平。写此书的目的是希望学生能够通过学习独立研究该学科的原始文献。

　　本书涵盖了量子信息的各个方面，但鉴于时间有限，并非面面俱到。本书第 2 章讨论密度矩阵及其表示。第 3 章研究纠缠理论，包括 Bell 不等式、纠缠检测和 Peres 部分转置检测。并且证明如何在纯态和混合态中实现纠缠量化，随后研究双量子纠缠态的共生纠缠度。纠缠是实现量子通信的一种重要手段，例如隐态传输和密集编码。第 4 章研究广义量子动力学，它归纳了量子态的标准幺正演化，并可以推导出量子映射的 Kraus 表示及其实际应用——消偏振信道。同时也证明了一些不存在的量子映射，如可以完美复制任意输入态的量子克隆映射。

　　第 5 章研究量子测量理论。类似用量子映射归纳标准幺正变换，正算子取值测度（POVM）归纳了标准投影测量。这里引入一个用 POVM 表述的广义测量的拓展理论。区分两种非正交量子态问题就属于这类测量，本书将讨论两种常用的区分策略，即最小差错策略和无错区分策略。POVM 引发了量子密码学的讨论，主要有 B92 协议和早期 BB84 协议。量子信息理论在量子通信中的诸多神奇应用，例如秘密共享，都依赖于某些量子映射的不可能性。

　　第 7 章讨论量子计算，侧重研究量子信息处理领域中另一个重要理论，叠加原理。其中包括 Deutsch-Jozsa 算法、Bernstein-Vazirani 算法、Grover 搜索算法以及周期搜索，同时也研究了量子游走在搜寻新算法的重要运用。实际量子计算中首要解决的问题是误码。因此，量子纠错码应运而生。随后对量子编码理论进行研究，包括 Shor 码和 CSS 码。

　　第 8 章讨论量子计算机，它是一种基于量子系统实现量子操作的设备。量子计算机可以是单功能或者可编程的，同时将讨论可编程计算机的极限情况。最后了解可编程量子态分辨器，该设备中是用待区分量子态以编程形式出现的，而非直接硬线接入设备中。

这里提及了很多概念,但也有遗漏之处。学生们在短短一学期内不可能接触到一些重要的学科,例如量子信息理论实用化或量子信息协议的物理实现。同样,本书也不会介绍用于寻找大数因子的 Shor 算法,该算法并非不重要,而是需要用到数论方面的知识。时间是限制授课内容的一个重要因素,而详细介绍 Shor 算法及背景会占用过多时间。本书的课程安排为学生今后开展这方面研究打下坚实基础,而且我们已经对该领域展开研究,故也希望借此培养学生的研究兴趣。

本书每章末都有配套问题及参考文献。参考文献并不详尽,只是为学生们进一步研究学习提供帮助。

书中也引用了两个重要标准参考文献作为本书注释的依据,其中一个是 Michael Nielsen 和 Isaac Chuang 所著的《量子计算和量子信息》,另一个是由加州理工学院物理学院 219 室的 John Preskill 所写的一些课件。两个文献都可以登录 http://www.theory.caltech.edu/people/preskill/ph229/查阅。这些文献涵盖了本书一些拓展内容,也有许多本书未提及的知识。近期 Stephen Barnett 出版的新书《量子信息》也可作为本书的参考文献。

多年来,我们得益于和诸多同事和朋友们的讨论和密切合作才有今天的成果。其中要特别感谢 Erika Andersson, Emilio Bagan, Stephen Barnett, Sam Braunstein, Vladimir Bužek, Luiz Davidovich, Berge Englert, Edgar Feldman, Ulrike Herzog, Igor Jex, Miguel Orszag, Daniel Reitzner, Wolfgang Schleich, Aephraim Steinberg, Mario Ziman 及 M.Suhail Zubairy。

最后,谨以此书感谢所有长期以来支持我们工作的亲朋好友们。

美国新泽西州纽约市 János A. Bergou,Mark Hillery

目 录

第1章　导　论

量子信息理论包括量子力学系统中的信息表示、存储、处理及获取等概念。该领域的迅速发展要得益于 Charles Bennett 和 Rolf Landauer，二人最早将对物理限制的研究转移到计算上。量子信息理论中的第一个问题是量子力学是否能够拥有和计算机一样的性能极限，Richard Feynman 后来证实这是不可能的。Paul Benioff 的早期研究提升了实现量子 Turing 机的可能性。在 Feynman 后不久，David Deutsch 意识到量子力学的计算性能要胜过计算机。随后 Peter Shor 提出了因数分解算法，使得该领域发展迅猛，该算法表明，当分解因子为整数多项式时，量子计算机可以求出整数的质因子。

1.1　量子比特

比特是经典信息理论中的基本单元，用 0 或者 1 表示。对应到量子信息理论中就是一个二级量子系统中的量子比特。二级量子系统通常用符号 $|0\rangle$ 和 $|1\rangle$ 表示，分别对应逻辑 0 和 1。在物理系统中，量子比特可以用自旋电子、原子核或者极化光子表示。经典比特和量子比特之间的最大区别在于后者可以用叠加态的形式表示，即

$$|\psi\rangle = \alpha|0\rangle + \beta|1\rangle \tag{1.1}$$

而前者只能是确定的 0 或 1。这使得经典比特和量子比特在信息表达上出现了明显不同。

表示量子态的另一个简便模型就是 Bloch 球。它通过两个参数角表示，其中 $0 \leqslant \theta \leqslant \pi$ 且 $0 \leqslant \varphi \leqslant 2\pi$

$$|\psi\rangle = \cos(\theta/2)|0\rangle + e^{i\varphi}\sin(\theta/2)|1\rangle \tag{1.2}$$

其量子态用单位球面上的任意一个极化角为 θ、方位角为 φ 的点来表示。即原点和表示量子态的点相连形成的矢量与 z 轴的角度为 θ，在子平面 x-y 上的投影与 x 轴形成的角度为 φ。量子态 $|0\rangle$ 位于球体北端，量子态 $|1\rangle$ 位于球体南端。量子比特的 Bloch 球模型如图 1-1 所示。

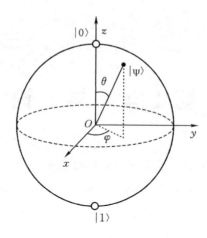

图 1-1　式(1.2)中量子比特在 Bloch 球模型下的表示

用量子映射描述一个量子态的变化情况时,Bloch 球起到了重要作用。

n 量子比特可以通过张量积基的形式张成

$$|0\rangle\otimes\cdots|0\rangle\otimes|0\rangle=|0\cdots00\rangle$$
$$|0\rangle\otimes\cdots|0\rangle\otimes|1\rangle=|0\cdots01\rangle$$
$$\vdots \qquad\qquad\qquad (1.3)$$
$$|1\rangle\otimes\cdots|1\rangle\otimes|1\rangle=|1\cdots11\rangle$$

注意到这里用 $|x\rangle$ 来表示上述量子态,其中 x 是 n 位二进制数,而 n 量子态的一般表示形式为

$$|\boldsymbol{\Psi}\rangle=\sum_{x=0}^{2^{N}-1} c_{x}|x\rangle \qquad (1.4)$$

1.2　量子门

量子门是作用在单量子比特或者多量子比特上的幺正算子。这些算子是幺正化的,因为它们都可以表示在某种时间演化下对量子态的影响,时间演化变换相当于一个幺正算子。因此,量子门必须是可逆的,即如果量子门的输出态已知,便可推算出输入态。因此,一些经典门在量子环境中不再适用。例如,与门(AND gate)是一种双比特输入、单比特输出的逻辑门。其输出由输入决定,这意味着输出 0 对应的输入可以是 00,01 或者 10。因此,与门是不可逆的,在量子模型中不存在。

另一方面,非门(NOT gate)可以实现简单的比特翻转,使得 0→1,1→0,它是可逆的,所以在量子模型中,也存在翻转操作,使得 $|0\rangle\rightarrow|1\rangle$,$|1\rangle\rightarrow|0\rangle$。对于一般的量子态,有如下变换

$$\alpha|0\rangle+\beta|1\rangle \longrightarrow \alpha|1\rangle+\beta|0\rangle \tag{1.5}$$

如果用二元列矢来表示量子比特,可以得到

$$\alpha|0\rangle+\beta|1\rangle=\begin{pmatrix}\alpha\\\beta\end{pmatrix} \tag{1.6}$$

量子非门可以用 Pauli 矩阵 σ_x 表示成

$$\begin{pmatrix}1&0\\0&1\end{pmatrix}\begin{pmatrix}\alpha\\\beta\end{pmatrix}=\begin{pmatrix}\beta\\\alpha\end{pmatrix} \tag{1.7}$$

X 门如图 1-2 所示。

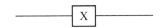

图 1-2　非门或 X 门的线路符号

此处及下文中,左横线代表输入量子比特,右横线代表输出量子比特。

量子门当中也存在一些经典门中所没有的情况。其中一个十分重要的就是 Hadamard 门。它是一种单量子门,用图 1-3 中的线路符号表示。

Hadamard 门具有如下变换:

$$H|0\rangle=\frac{1}{\sqrt{2}}(|0\rangle+|1\rangle)$$

$$H|1\rangle=\frac{1}{\sqrt{2}}(|0\rangle-|1\rangle) \tag{1.8}$$

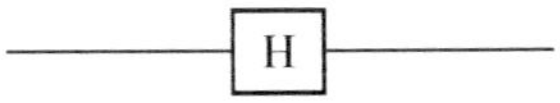

图 1-3　Hadamard 门的线路符号

Hadamard 门不存在经典门的形式,因为它将标准基底 $\{|0\rangle,|1\rangle\}$ 映射为叠加态。注意到 $H^2=I$,其中 I 是单位算子。

第三种重要的量子门,也存在经典形式,称为受控非门(或者简称为 C-NOT门),又称为异或门(或者简称为 XOR 门)。它是一种双量子门,其线路符号如图 1-4 所示。

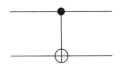

图 1-4　受控非门的线路符号

同样,左端是输入,右端是输出,上方的量子比特称为控制量子比特,下方的量子比特称为目标量子比特。控制量子比特的状态不受量子门的影响,而目标量子比特的状态取决于控制量子比特的状态。特别是,如果控制量子比特是$|0\rangle$,则目标量子比特保持不变,如果控制量子比特是$|1\rangle$,则控制量子比特将发生翻转。具体而言,如果第一个量子比特是控制量子比特,第二个量子比特是目标量子比特,就有

$$|0\rangle|0\rangle \rightarrow |0\rangle|0\rangle \quad |0\rangle|1\rangle \rightarrow |0\rangle|1\rangle$$
$$|1\rangle|0\rangle \rightarrow |1\rangle|1\rangle \quad |1\rangle|1\rangle \rightarrow |1\rangle|0\rangle \tag{1.9}$$

通过这些关系,可以求出量子受控非门对应的变换的矩阵元素。该结论及矩阵的幺正性证明将留在本章结尾进行讨论。

1.3 　量子线路

现在准备引入量子计算的线路模型。在此模型中,量子比特用横线表示,量子门用幺正算子符号表示。尤其是,单量子门用代表单量子比特横线上的符号表示,双量子门用代表双量子横线上的符号表示,以此类推。由于受控非和所有单量子比特翻转所构成的一系列量子门是一种通用装置,使得线路表示极为有用,任意数目的量子比特幺正变换都可以通过上述逻辑门实现。这里先不证明。这便是许多在物理层面实现的量子信息协议方案要基于受控非门的原因。这里不作讨论,下一节将举例说明此类模型的工作原理。

1.4 　Deutsch 算法

Deutsch 算法是证明量子信息处理优于经典信息处理的一个标准例子。设一个函数 f 将集合 $\{0,1\}$ 映射到 $\{0,1\}$,如果 $f(0)=f(1)$,则该函数为常值函数,如果 $f(0)\neq f(1)$,则称 f 为平衡函数。问题在于,给定一个未知函数,要确定其为常值函数还是平衡函数。一般方法是对函数进行两次运算以确定其类型,但是,通过量子线路,只需一次运算就可以确定其类型。用量子门解决 Deutsch 问题的过程如图 1-5 所示。

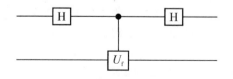

图 1-5 　Deutsch 问题的量子门模型

具体工作原理如下。横线代表量子比特,操作过程从左至右。量子门U_f是一个双量子门,称为 f-受控非门。和受控非门类似,它也有控制(上方)量子比特和目标(下方)量子比特。控制量子比特不受量子门的影响,但目标量子比特经过了一次函数 $f(x)$ 运算,即模 2 加运算,x 是目标量子比特的值。即如果量子门输入是 $|x\rangle|y\rangle$,其中 x 和 y 分别代表控制量子比特和目标量子比特的值,0 或 1,则输出结果是 $|x\rangle$ $|y+f(x)\rangle$。尽管量子门已知,但具体函数 f 未知。

现在开始研究量子比特在线路当中的变化过程,先从如下量子态开始:

$$|\Psi_0\rangle = |0\rangle_1 \frac{1}{\sqrt{2}}(|0\rangle_2 - |1\rangle_2) \tag{1.10}$$

其中,量子比特 1 位于上方,量子比特 2 位于下方。经过第一个量子门后,量子态变为

$$|\Psi_1\rangle = \frac{1}{2}(|0\rangle_1 + |1\rangle_1)(|0\rangle_2 - |1\rangle_2) \tag{1.11}$$

经过 f-受控非门后,量子态变为

$$|\Psi_2\rangle = \frac{1}{2}\big[|0\rangle_1(|0+f(0)\rangle_2 - |1+f(0)\rangle_2) + \\ |1\rangle_1(|0+f(1)\rangle_2 - |1+f(1)\rangle_2)\big] \tag{1.12}$$

注意到

$$|0+f(x)\rangle_2 - |1+f(x)\rangle_2 = (-1)^{f(x)}(|0\rangle_2 - |1\rangle_2) \tag{1.13}$$

便有

$$|\Psi_2\rangle = \frac{1}{2}\big[(-1)^{f(0)}|0\rangle_1 + (-1)^{f(1)}|1\rangle_1\big](|0\rangle_2 - |1\rangle_2) \tag{1.14}$$

最后,再经过第二个 Hadamard 门后,最终的量子态为

$$|\Psi_3\rangle = \frac{1}{2\sqrt{2}}\{|0\rangle_1\big[(-1)^{f(0)} + (-1)^{f(1)}\big] + \\ |1\rangle_1\big[(-1)^{f(0)} - (-1)^{f(1)}\big]\}(|0\rangle_2 - |1\rangle_2) \tag{1.15}$$

经检验可以发现,如果该函数是常值函数,第一个量子比特是 $|0\rangle$,如果该函数是平衡函数,第一个量子比特是 $|1\rangle$。因此,用标准基底对第一个量子比特进行测量,可以确定 f 是常值函数还是平衡函数。注意到 f-受控非门只使用了一次,这意味着函数只进行一次运算。该方法可行的原因在于 f-受控非门的两个输入值 $|0\rangle$ 和 $|1\rangle$ 是叠加的,各进行了一次函数运算(在表达式 $|\Psi_2\rangle$ 当中,$f(0)$ 和 $f(1)$ 都出现了)。通过调整输入值,就能得到有关函数全部性质的信息。

如果只对函数进行一次运算,只能得到一个函数值。假设将量子态 $(1/\sqrt{2})(|0\rangle_1 + |1\rangle_1)|0\rangle_2$ 输入到 f-受控非门当中,得到

$$\frac{1}{\sqrt{2}}(|0\rangle_1 + |1\rangle_1)|0\rangle_2 \rightarrow \frac{1}{\sqrt{2}}(|0\rangle_1|f(0)\rangle_2 + |1\rangle_1|f(1)\rangle_2) \tag{1.16}$$

如果用标准基底对量子态进行测量,会得到一个随机函数值 f。测量破坏了量子态中其他函数值 f 的信息,这说明尽管可以利用叠加原理将不同的值代入函数,并同时进行多次求值,但是必须清楚该如何使用这些信息。

Deutsch 问题阐明了几个事实:第一,用量子系统表示信息会存在增益;第二,很难研究增益产生的原因;最后一点也是最重要的,算法当中的最后一步其实就是对量子态进行测量,即得到系统的终态。这是所有协议都存在的共性,在接下来的章节中将深入探讨这几点问题。

首先,第 2 章简述了量子纯态和量子混合态及其信息论原理。第 3 章将研究量子纯态和量子混合态的一些量子本质特性,尤其是量子纠缠,它在量子信息和量子计算方面极为重要。第 4 章将讨论广义动力学、算子和 Kraus 表示。第 5 章将讨论量子测量理论,包括广义测量。前五章涵盖了学习量子信息理论所需的基础知识,这些知识可以作为研究本书后几章节的有力工具。从第 6 章开始,将了解量子通信。第 7 章主要解决量子计算(尤其是量子算法)的问题。在第 8 章,主要讨论一个发展迅速的领域,量子计算机。最后,在第 9 章将研究环境干扰,这是一个无法回避的难题,它引出了退相干原理和量子信息保护问题(尤其是量子纠错)。

1.5　问题

1.(1)在标准基底中求一个 Hadamard 门对应的矩阵。

(2)在双量子比特标准基底求一个受控非门对应的矩阵。

(3)检验(1)和(2)中所求的矩阵是否为幺正矩阵。

2.定义一个由幺正算子产生的受控非门 D_{ab},a 代表控制量子比特,b 代表目标量子比特。令 $|\psi\rangle = \alpha|0\rangle + \beta|1\rangle$ 为一个一般的量子比特态,$|\pm x\rangle$ 为量子态,且 $|\pm x\rangle = (|0\rangle \pm |1\rangle)/\sqrt{2}$。

(1)当量子态 $|\pm x\rangle$ 是输入目标量子态时的情况。求量子态 $D_{ab}|\psi\rangle_a|\pm x\rangle_b$。

(2)可以利用受控非门在单量子比特上实现一种概率性参数组操作。计算

$$D_{ab}|\psi\rangle_a(\cos\theta|+x\rangle_b + i\sin\theta|-x\rangle_b)$$

现在测量目标量子态为 $|0\rangle_b$ 还是 $|1\rangle_b$。求量子态为 $|0\rangle_b$ 的概率,并证明此时控制量子态是 $\exp(i\theta\sigma_z)|\psi\rangle_a$,其中 $\sigma_z|0\rangle = |0\rangle$ 且 $\sigma_z|1\rangle = -|1\rangle$。

3.与 Deutsch 算法相关的函数是一类特殊的 Boolean 函数。一个 Boolean 函数 $f^{(n)}$ 将一组二进制数集合 $\{0, 1, \cdots, 2^n - 1\}$ 映射到集合 $\{0, 1\}$ 当中。已证明当 $n = 1$

时存在 4 个不同的 Boolean 函数 $f_1^{(1)}$, $f_2^{(1)}$, $f_3^{(1)}$, $f_4^{(1)}$。其中两个是常值函数,另外两个是平衡函数。

(1)求出每个函数的真值表。

(2)求出每个函数的对应的 f-受控非门。

(3)证明这些量子门都是幺正性的。

4.(1)互换(SWAP)门是一种双量子门,具有操作 $|\psi\rangle_a |\varphi\rangle_b \rightarrow |\varphi\rangle_a |\psi\rangle_b$。证明一个互换门可以通过 3 个受控非门构成。

(2)受控相位(Controlled-PHASE)门是一种双量子门,量子比特 a 是控制量子比特,量子比特 b 是目标量子比特。控制量子比特不会发生变化,且如果控制量子比特是 $|0\rangle_a$,则目标量子比特也不会发生变化。如果控制量子比特是 $|1\rangle_a$,量子门就会进行操作 $|1\rangle_a |0\rangle_b \rightarrow |1\rangle_a |0\rangle_b$ 和 $|1\rangle_a |1\rangle_b \rightarrow -|1\rangle_a |1\rangle_b$。证明一个受控相位门可以通过一个受控非门和两个单量子门构成。

参考文献

[1] D. Deutsch, Quantum theory, the Church-Turing principle, and the universal quantum computer. Proc. R. Soc. Lond. A 400, 97(1985)

[2] D. P. DiVincenzo, Two qubit gates are universal for quantum computation. Phys. Rev. A 51, 1015(1995)

[3] A. Barenco, C. H. Bennett, R. Cleve, D. P. DiVincenzo, N. Margolus, P. Shor, T. Sleator, J. Smolin, H. Weinfurter, Elementary gates for quantum computation. Phys. Rev. A 52, 3457(1995)

第 2 章　密度矩阵

除用态矢表示量子态外,还可用密度矩阵对量子态进行更一般化表示。当研究纯态集合或者描述系统中的某个子系统时,需要用到密度矩阵。

2.1　集合与子系统

先了解集合的概念。假设有一个由某类元素构成的集合,其中一些元素是量子态 $|\psi_1\rangle$,另一些是 $|\psi_2\rangle$,依此类推。特别地,如果从集合中选择一个元素,为 $|\psi_j\rangle$ 的概率为 p_j。现在要在此集合中求出可观测量 Q 的期望值。从集合中选取一个元素并测量其可观测量 Q,再选取另一个元素进行同样的操作。多次重复这一过程。如果所有的元素都是量子态 $|\psi_j\rangle$,则 Q 的期望值为 $\langle\psi_j|Q|\psi_j\rangle$,但实际上,这种情况发生的概率仅为 p_j。因此,该集合的期望值为

$$\langle Q\rangle=\sum_j p_j\langle\psi_j|Q|\psi_j\rangle=\mathrm{Tr}(Q\rho) \tag{2.1}$$

其中,定义算子 ρ 是集合的密度矩阵,即

$$\rho=\sum_j p_j|\psi_j\rangle\langle\psi_j| \tag{2.2}$$

现在了解一下子系统。假设有一个由两个子系统 A 和 B 组成的更大系统。子系统对应的 Hilbert 空间分别为 $\mathcal{H}_A$ 和 $\mathcal{H}_B$,因此整个系统的 Hilbert 空间为 $\mathcal{H}_A\otimes\mathcal{H}_B$。令 $\{|m\rangle_A\}$ 为 $\mathcal{H}_A$ 当中的一个标准正交基,$\{|n\rangle_B\}$ 为 $\mathcal{H}_B$ 当中的一个标准正交基。现在,如果 X_A 是子系统 A 中的可观测量,则整个 Hilbert 空间的算子为 $X_A\otimes I_B$,其中 I_B 是 Hilbert 空间 $\mathcal{H}_B$ 上的单位算子。如果 $|\Psi\rangle$ 是整个系统的量子态,则 X_A 的期望值为

$$
\begin{aligned}
\langle X_A\rangle&=\langle\Psi|X_A\otimes I_B|\Psi\rangle\\
&=\sum_m\sum_n\langle\Psi|X_A\otimes I_B(|m\rangle_A|n\rangle_B)({}_A\langle m|{}_B\langle n|)|\Psi\rangle\\
&=\sum_m{}_A\langle m|\left(\sum_n{}_B\langle n|\Psi\rangle\langle\Psi|n\rangle_B\right)X_A|m\rangle_A
\end{aligned} \tag{2.3}
$$

如果定义

$$\rho_A = \sum_n {}_B \langle n | \Psi \rangle \langle \Psi | n \rangle_B = \mathrm{Tr}_B(|\Psi\rangle\langle\Psi|) \tag{2.4}$$

则

$$\langle X_A \rangle = \mathrm{Tr}_A(\rho_A X_A) \tag{2.5}$$

算子 ρ_A 称为子系统 A 的约化密度算子,它可以求出子系统 A 中任意一个可观测量的期望值。

看两个例子。首先,有一个集合,其中一半元素为量子比特 $|0\rangle$,另一半元素为量子比特 $|1\rangle$。该集合的密度矩阵为

$$\rho = \frac{1}{2}|0\rangle\langle 0| + \frac{1}{2}|1\rangle\langle 1| \tag{2.6}$$

假设要在集合中求出 σ_z 的期望值,其中 $\sigma_z|0\rangle = |0\rangle$,且 $\sigma_z|1\rangle = -|1\rangle$。于是有

$$\langle \sigma_z \rangle = \mathrm{Tr}(\sigma_z \rho) = 0 \tag{2.7}$$

接下来,有一个双量子态

$$|\Psi\rangle = \frac{1}{\sqrt{2}}(|0\rangle_A|1\rangle_B + |1\rangle_A|0\rangle_B) \tag{2.8}$$

现在要求出子系统 A 的约化密度矩阵。可以得到

$$\rho_A = \mathrm{Tr}(|\Psi\rangle\langle\Psi|) = \frac{1}{2}I_A \tag{2.9}$$

定义 $\sigma_{zA} = \sigma_z \otimes I_B$,得到

$$\langle \sigma_{Az} \rangle = \mathrm{Tr}(\sigma_z \rho_A) = 0 \tag{2.10}$$

注意到,如果 ρ 是一维投影算子,如 $\rho = |\psi\rangle\langle\psi|$,则对于任意的可观测量 Q 都有

$$\langle Q \rangle = \mathrm{Tr}(\rho Q) = \langle \psi | Q | \psi \rangle \tag{2.11}$$

因此密度矩阵对应系统的量子态为 $|\psi\rangle$。如果 ρ 是这种形式,就称为纯态。反之,为混合态。

2.2　性质

使一个算子为密度矩阵必须满足几个性质。实际上,任何算子只要满足这些性质都可以称为密度矩阵

1.$\mathrm{Tr}(\rho) = 1$。

因为

$$\mathrm{Tr}(\rho) = \mathrm{Tr}\left(\sum_j p_j |\psi_j\rangle\langle\psi_j|\right) = \sum_j p_j = 1 \tag{2.12}$$

2.密度矩阵具有 hermitain 性,即 $\rho = \rho^{\dagger}$。

3.密度矩阵为正,对于任意 $|\psi\rangle$ 都有 $\langle\psi|\rho|\psi\rangle \geqslant 0$。

因为

$$\langle\psi|\rho|\psi\rangle = \sum_j p_j |\langle\psi|\psi_j\rangle|^2 \geqslant 0 \tag{2.13}$$

注意到,当且仅当所有密度矩阵的本征值都大等于零时,算子才为正,这意味着任意密度矩阵的本征值都必须满足该性质。此外,由于密度矩阵的迹等于1,其中矩阵的迹是密度矩阵所有本征值之和,所以一个密度矩阵的本征值为 λ_j 要满足 $0 \leqslant \lambda_j \leqslant 1$。

现在要利用上述条件求这一类密度矩阵的其他性质。第一个性质是如何简单地确定一个纯态。

定理　当且仅当 $\text{Tr}(\rho^2) = 1$ 时,密度矩阵 ρ 是纯态。

证明:如果 ρ 是纯态,则 $\rho = |\psi\rangle\langle\psi|$,且 $\rho^2 = \rho$。立即得到 $\text{Tr}(\rho^2) = 1$。现在假设 $\text{Tr}(\rho^2) = 1$。因为 ρ 具有 hermitain 性,ρ 可以表示为

$$\rho = \sum_j \lambda_j P_j \tag{2.14}$$

其中 λ_j 是 ρ 的非零本征值,P_j 是对应的谱投影算子。得到

$$\rho^2 = \sum_j \lambda_j{}^2 P_j \tag{2.15}$$

定义序列 n_j 为 P_j 中按序对应的元素,得到

$$\text{Tr}(\rho) = 1 \Rightarrow \sum_j \lambda_j n_j = 1$$
$$\text{Tr}(\rho^2) = 1 \Rightarrow \sum_j \lambda_j{}^2 n_j = 1 \tag{2.16}$$

两式相减得到

$$\sum_j (\lambda_j - \lambda_j{}^2) n_j = 0 \tag{2.17}$$

由于每个本征值都介于0和1之间,因此式(2.17)中每项必须大于等于零,意味着每项必须等于零,只有当每一项中 λ_j 都等于0或1时,这种情况才会发生,且之前已经假设 $\lambda_j > 0$,故 $\lambda_j = 1$。唯一可能的情况是,当且仅当某个本征值为非零时,本征值多重根乘积之和的结果为1,前提是这些本征值中只有一个是非零的,并且该本征值具有多重根。因此,ρ 等价于一维投影算子,意味着它是一个纯态。

2.3　量子纯态与量子混合态

上一章介绍了利用 Bloch 球模型直观表示量子比特的态矢,即量子纯态。如果将这种表示方式延伸到球体内部,此模型也可以用来表示量子混合态。为了深入了

解这一特性,将条件扩大到一般情况下的量子比特密度矩阵,它是一个 2×2 矩阵,对于单位矩阵和 Pauli 矩阵而言,它们具有一组在 2×2 矩阵空间当中的完备基:

$$\rho = \frac{1}{2}(I + n_x \sigma_x + n_y \sigma_y + n_z \sigma_z) \tag{2.18}$$

它满足条件 $\mathrm{Tr}(\rho) = 1$,且 ρ 具有 hermitain 性,意味着 n_x, n_y 和 n_z 都是实数。式 (2.18)可以表示为

$$\rho = \frac{1}{2}\begin{bmatrix} 1 + n_z & n_x - i\, n_y \\ n_x + i\, n_y & 1 - n_z \end{bmatrix} \tag{2.19}$$

进一步说明 ρ 的行列式为 $\rho = (1 - |\boldsymbol{n}|^2)/4$。$\rho$ 为正意味着其行列式必须大于等于 0,于是有 $1 \geqslant |\boldsymbol{n}|$。因此可以用矢量 $\boldsymbol{n}$ 来表示密度矩阵 ρ,且该矢量位于单位球内。

已知当 ρ 为纯态时,其对应矢量的终点在 Bloch 球的表面。举个反例。如果 $|\boldsymbol{n}| = 1$,则 $\mathrm{Tr}(\rho) = 1$,且 $\det\rho = 0$。这意味着 ρ 中有一个本征值为 0,其余均为 1。如果 $|u\rangle$ 是本征值为 1 的本征矢,即 $\|u\| = 1$ 时,就有 $\rho = |u\rangle\langle u|$,$\rho$ 为纯态。

给定一个量子比特的密度矩阵 ρ,可以轻易地求出其对应的矢量。通过恒等式 $\mathrm{Tr}(\sigma_j \sigma_k) = \delta_{jk}$,其中 $j, k \in \{x, y, z\}$,可以得到

$$n_j = \mathrm{Tr}(\rho\, \sigma_j) \tag{2.20}$$

大多数密度矩阵可以对应多种不同的集合。这里举例说明。第一个例子,定义量子态

$$|\pm x\rangle = \frac{1}{\sqrt{2}}(|0\rangle \pm |1\rangle) \tag{2.21}$$

它其实就是 Pauli 矩阵 σ_x 的本征态。因此可以将此密度矩阵改写成如下两种混合态

$$\rho = \frac{1}{2}I = \frac{1}{2}(|0\rangle\langle 0| + |1\rangle\langle 1|) = \frac{1}{2}(|+x\rangle\langle +x| + |-x\rangle\langle -x|) \tag{2.22}$$

第一个分解对应的集合当中一半元素是 $|0\rangle$,另一半是 $|1\rangle$,而第二个分解对应的集合当中一半元素是 $|+x\rangle$,另一半是 $|-x\rangle$。尽管这些集合是不同的,但是它们却可以表示同一个密度矩阵。

第二个例子,定义量子态

$$|u_\pm\rangle = \frac{1}{\sqrt{4 \pm 2\sqrt{2}}}[(\sqrt{2} \pm 1)|0\rangle \pm |1\rangle] \tag{2.23}$$

则

$$\rho=\frac{1}{2}(|0\rangle\langle 0|+|+x\rangle\langle +x|)=\left(\frac{1}{2}+\frac{\sqrt{2}}{4}\right)\left(|u_+\rangle\langle u_+|+\left(\frac{1}{2}-\frac{\sqrt{2}}{4}\right)|u_-\rangle\langle u_-|\right)$$

(2.24)

再次证明可以用两种不同的集合描述相同的密度矩阵。

一般而言，如果ρ_1和ρ_2是密度矩阵，则

$$\rho(\theta)=\theta\rho_1+(1-\theta)\rho_2$$

(2.25)

且 $0\leqslant\theta\leqslant 1$。这意味着密度函数有凸集。大多数密度矩阵可以用多种不同方式表示为其他密度矩阵之和，而且每一种分解一般都会对应一个不同的集合。上述两个例子只是这种一般情况的特例。然而，对于纯态而言，这种方法不再适用，因为纯态只有唯一的分解形式。假设 $\rho=|\psi\rangle\langle\psi|$ 是纯态密度矩阵，并且可以表示为两个其他密度矩阵的凸集 $\rho(\theta)=\theta\rho_1+(1-\theta)\rho_2$。如果 $|\psi_\perp\rangle$ 满足 $\langle\psi_\perp|\psi\rangle=0$，则

$$0=\langle\psi_\perp|\rho(\theta)|\psi_\perp\rangle=\theta\langle\psi_\perp|\rho_1|\psi_\perp\rangle+(1-\theta)\langle\psi_\perp|\rho_2|\psi_\perp\rangle$$

(2.26)

因为两式右边都大于等于 0，有

$$\langle\psi_\perp|\rho_1|\psi_\perp\rangle=\langle\psi_\perp|\rho_2|\psi_\perp\rangle=0$$

(2.27)

该等式对于任何正交于$|\psi\rangle$的矢量都成立。因此，$\rho_1=\rho_2=|\psi\rangle\langle\psi|$且任何纯态的表示形式都是唯一的。纯态不能表示为其他密度矩阵之和，只有纯态具有此性质，如果 ρ 是混合态，则其表示形式就为 $\rho=\sum_j p_j|\psi_j\rangle\langle\psi_j|$，即纯态的凸集和。

2.4 纯态分解与集合表示

现在了解一下如何将密度矩阵分解成纯态。总结如下：

定理 ρ 可以表示为 $\sum_i p_i|\psi_i\rangle\langle\psi_i|$ 和 $\sum_i q_i|\varphi_i\rangle\langle\varphi_i|$，当且仅当

$$\sqrt{p_i}|\psi_i\rangle=\sum_j U_{ij}\sqrt{q_j}|\varphi_j\rangle$$

其中，U_{ij}是幺正矩阵。这里，我们向一些矢量元素少的集合中"填充"一些零矢量，使得所有集合当中的元素总数相同。

证明：令$|\tilde{\psi}_i\rangle=\sqrt{p_i}|\psi_i\rangle$且$|\tilde{\varphi}_i\rangle=\sqrt{q_i}|\varphi_i\rangle$。首先证明"当且仅当"部分中的充分条件部分。因此，对于幺正矩阵U_{ij}，假设$|\tilde{\psi}_j\rangle=\sum_j U_{ij}|\tilde{\varphi}_i\rangle$，则

$$\sum_i|\tilde{\psi}_i\rangle\langle\tilde{\psi}_i|=\sum_{i,j,k}U_{ij}U_{ik}^*|\tilde{\varphi}_j\rangle\langle\tilde{\varphi}_k|=\sum_{j,k}\left(\sum_i U_{ki}^\dagger U_{ij}\right)|\tilde{\varphi}_j\rangle\langle\tilde{\varphi}_k|$$

$$=\sum_{j,k}\delta_{jk}|\tilde{\varphi}_j\rangle\langle\tilde{\varphi}_k|=\sum_j|\tilde{\varphi}_j\rangle\langle\tilde{\varphi}_j|$$

(2.28)

为了证明"当且仅当"部分中的必要条件部分，则需更多的证明。假设

$$\rho = \sum_{i}^{N_1} |\widetilde{\psi}_i\rangle\langle\widetilde{\psi}_i| = \sum_{i}^{N_2} |\widetilde{\varphi}_i\rangle\langle\widetilde{\varphi}_i| \tag{2.29}$$

并假设 $N_1 \geqslant N_2$。因为 ρ 是一个正算子，它具有如下的概率谱表示形式

$$\rho = \sum_{k=1}^{N_k} \lambda_k |k\rangle\langle k| = \sum_{k=1}^{N_k} |\widetilde{k}\rangle\langle\widetilde{k}| \tag{2.30}$$

其中，$\langle k|k'\rangle = \delta_{k,k'}$，且 $|\widetilde{k}\rangle = \sqrt{\lambda_k}|k\rangle$。首先，要证明 $|\widetilde{\psi}_i\rangle$ 位于由 $\{|k\rangle\}$ 构造的子空间内。为了实现这一点，定义 $\mathcal{H}_k$ 为由 $\{|k\rangle\}$ 构造的空间。假设 $|\psi\rangle \in \mathcal{H}_k^{\perp}$，则

$$\langle\psi|\rho|\psi\rangle = 0 = \sum_{i=1}^{N_1} |\langle\widetilde{\psi}_i|\psi\rangle|^2 \tag{2.31}$$

因为 $\langle\widetilde{\psi}_i|\psi\rangle = 0$，所以 $|\widetilde{\psi}_i\rangle \in (\mathcal{H}_k^{\perp})^{\perp} = \mathcal{H}_k$。因此，$|\widetilde{\psi}_i\rangle$ 可以表示为

$$|\widetilde{\psi}_i\rangle = \sum_{k=1}^{N_k} c_{ik} |\widetilde{k}\rangle。 \tag{2.32}$$

通过式(2.29)中的表达式，得到

$$\rho = \sum_{i=1}^{N_1} |\widetilde{\psi}_i\rangle\langle\widetilde{\psi}_i| = \sum_{k,k'=1}^{N_k} \left(\sum_{i=1}^{N_1} c_{ik}c_{ik'}^*\right)|\widetilde{k}\rangle\langle\widetilde{k'}| = \sum_{k=1}^{N_k} |\widetilde{k}\rangle\langle\widetilde{k}| \tag{2.33}$$

因为算子 $|\widetilde{k}\rangle\langle\widetilde{k'}|$ 是线性无关的，所以 $\sum_{i=1}^{N_1} c_{ik}c_{ik'}^* = \delta_{kk'}$。因此，$c_{ik}$ 构成了 N_k 个 N_1 维正交矢量且 $N_1 \geqslant N_k$。换言之，$c_{ik}(k=1,\cdots,N_k)$ 构成了第一个 N_k 列 N_1 行矩阵，它通过如下方式扩展成 $N_1 \times N_1$ 幺正矩阵。求出 $N_1 - N_k$ 个正交于矢量 c_{ik} 的 N_1 维标准正交矢量，称为 c'_{ik}，其中 $i=1,\cdots,N_1$ 且 $k=N_k+1,\cdots,N_1$。很明显，矩阵

$$C_{ik} \equiv \begin{cases} c_{ik} & 当 k=1,\cdots,N_k \\ c'_{ik} & 当 k=N_k+1,\cdots,N_1 \end{cases} \tag{2.34}$$

在 $i=1,\cdots,N_1$ 时是一个 $N_1 \times N_1$ 幺正矩阵。如果引入矢量

$$(|\widetilde{\psi}\rangle) = \begin{pmatrix} |\widetilde{\psi}_1\rangle \\ \vdots \\ |\widetilde{\psi}_{N_1}\rangle \end{pmatrix} \tag{2.35}$$

和

$$(|\widetilde{k}_{N_1}\rangle) = \begin{pmatrix} |\widetilde{k}_1\rangle \\ \vdots \\ |\widetilde{k}_{N_k}\rangle \\ 0 \\ \vdots \\ 0 \end{pmatrix} \tag{2.36}$$

其中$(|\widetilde{k}_{N_1}\rangle)$中最后$N_1-N_k$个元素为0，可以将上述两个矩阵写成

$$(|\widetilde{\psi}\rangle) = \begin{bmatrix} \ddots & & \\ & C_{ik} & \\ & & \ddots \end{bmatrix} (|\widetilde{k}_{N_1}\rangle) \tag{2.37}$$

或者更规范的

$$|\widetilde{\psi}\rangle = C \, |\widetilde{k}_{N_1}\rangle \tag{2.38}$$

通过完全类似的方法，可以证明$|\widetilde{\varphi_i}\rangle$同样位于由$\{|k\rangle\}$张成的子空间内。因此，可以将$|\widetilde{\varphi_i}\rangle$表示为

$$|\widetilde{\varphi_i}\rangle = \sum_{k=1}^{N_k} d_{ik} |\widetilde{k}\rangle \tag{2.39}$$

可以通过式(2.29)中的表达式得到

$$\rho = \sum_{i=1}^{N_2} |\widetilde{\varphi_i}\rangle\langle\widetilde{\varphi_i}| = \sum_{k,k'=1}^{N_k} \left(\sum_{i=1}^{N_2} d_{ik}d_{ik'}^*\right) |\widetilde{k}\rangle\langle\widetilde{k'}| = \sum_{k=1}^{N_k} |\widetilde{k}\rangle\langle\widetilde{k}| \tag{2.40}$$

因为算子$|\widetilde{k}\rangle\langle\widetilde{k'}|$是线性无关的，所以$\sum\limits_{i=1}^{N_2} d_{ik}d_{ik'}^* = \delta_{kk'}$。因此，$d_{ik}$构成了$N_k$个$N_2$维正交矢量且$N_1 \geqslant N_2 \geqslant N_k$。换言之，$d_{ik}(k=1,\cdots,N_k)$构成了第一个$N_k$列$N_2$行矩阵，它可以通过如下方式扩展成为$N_2 \times N_2$幺正矩阵。求出$N_2-N_k$个正交于矢量$d_{ik}$的$N_2$维标准正交矢量，称之为$d'_{ik}$，其中$i=1,\cdots,N_2$且$k=N_k+1,\cdots,N_1$。很明显，矩阵

$$D'_{ik} \equiv \begin{cases} d_{ik} & \text{当 } k=1,\cdots,N_k \\ d'_{ik} & \text{当 } k=N_k+1,\cdots,N_2 \end{cases} \tag{2.41}$$

在$i=1,\cdots,N_2$时是一个$N_2 \times N_2$幺正矩阵。引入矢量

$$(|\widetilde{\varphi}\rangle) = \begin{bmatrix} |\widetilde{\varphi_1}\rangle \\ \vdots \\ |\widetilde{\varphi_{N_2}}\rangle \\ 0 \\ \vdots \\ 0 \end{bmatrix} \tag{2.42}$$

其中$(|\widetilde{\varphi}\rangle)$中最后$N_1-N_2$个元素为0，并可以将矩阵$D'_{ik}$幺正化扩展成$N_1 \times N_1$矩阵$D_{ik}$，其定义如下：

$$D = \begin{pmatrix} \ddots & & & \\ & D'_{ik} & & 0 \\ & & \ddots & \\ 0 & & & I \end{pmatrix} \tag{2.43}$$

因此这是关于第一个 N_2 维矩阵和剩余 $N_1 - N_2$ 维的单位矩阵的关系式（2.41）。通过这些定义可以得到

$$(|\widetilde{\varphi}\rangle) = \begin{pmatrix} \ddots & & & \\ & D'_{ik} & & 0 \\ & & \ddots & \\ 0 & & & 1 \end{pmatrix} (|\widetilde{k}_{N_1}\rangle) \tag{2.44}$$

或者更规范的

$$|\widetilde{\varphi}\rangle = D |\widetilde{k}_{N_1}\rangle \tag{2.45}$$

比较式（2.38）和式（2.45），最后得到

$$|\widetilde{\psi}\rangle = C D^\dagger |\widetilde{\varphi}\rangle \tag{2.46}$$

又由于矩阵 $U = C D^\dagger$ 是幺正矩阵，证毕。

2.5　数学旁白：二分态的 Schmidt 分解

上一节研究了在纯态密度矩阵凸集下密度矩阵可能的分解情况。分解不是唯一的，但相同密度矩阵的可能分解情况可以通过上一节证明的定理构建函数关系。即对于重新归一化的纯态而言，如果当中一些纯态元素数量不同，可以通过适当增加零矢量使得各纯态中元素总数相同，并通过幺正变换产生关联。每一种不同的分解情况都可以表示为一个不同的密度矩阵集合。集合不是唯一的，但是无法区分其分解形式。

本节主要研究混合态密度矩阵作为大纯态系统中的子系统态出现时，其他可能的表示形式。因此，现在检验几个部分纯二分态 ρ 的约化密度矩阵的不同表示形式。为此，首先需要得到二分态的 Schmidt 分解。

令 $|\psi\rangle_{AB} \in \mathcal{H}_A \otimes \mathcal{H}_B$，且 $\{|u_i\rangle_A\}$ 是 $\mathcal{H}_A$ 当中的一个标准正交基，$\{|v_j\rangle_B\}$ 是 $\mathcal{H}_B$ 当中的一个标准正交基。则一个任意的二分态可以表示成由一个张量积基

$\{|u_i\rangle|v_j\rangle\}$ 张成的双和形式,即

$$|\psi\rangle_{AB} = \sum_{i,j} c_{ij}|u_i\rangle_A |v_j\rangle_B \tag{2.47}$$

容易发现,这种双和形式可以写成一个单和形式

$$|\psi\rangle_{AB} = \sum_i |u_i\rangle|\tilde{v}_i\rangle_B \tag{2.48}$$

这里引入 $|\tilde{v}_i\rangle = \sum_{i,j} c_{ij}|v_j\rangle_B$。其"代价"是 $\{|\tilde{v}_i\rangle_B\}$ 在通常情况下是非标准正交基。因此,二分态存在一个单张量和,其中只有张量积基 $\{|u_i\rangle|w_j\rangle\}$ 的对角元素参与其中。

为证明这一结论,假设 $\{|u_i\rangle\}$ 是 ρ_A 的一个基,其中 $\rho_A = \text{Tr}_B(|\psi\rangle_{AB\,AB}\langle\psi|)$ 是对角化的,

$$\rho_A = \sum_i \lambda_i|u_i\rangle\langle u_i| \tag{2.49}$$

且 $0\leqslant\lambda_i\leqslant 1$。此外

$$\rho_A = \text{Tr}_B\Big[\sum_{(i,j)}(|u_i\rangle_A |\tilde{v}_i\rangle_B)(_A\langle u_j|_B\langle\tilde{v}_j|)\Big] = \sum_{(i,j)} {}_B\langle\tilde{v}_j|\tilde{v}_i\rangle_B|u_i\rangle_{AA}\langle u_j| \tag{2.50}$$

因此,一定有 $_B\langle\tilde{v}_j|\tilde{v}_i\rangle_B = \delta_{ij}\lambda_i$ 且 $\{|\tilde{v}_i\rangle\}$ 是正交的。

令 $\{|u_i\rangle_A|i=1,\cdots,N$,其中 $N\leqslant\dim\mathcal{H}_A\}$ 对应非零值 λ_i,同时令 $|w_i\rangle_B = \dfrac{1}{\sqrt{\lambda_i}}|\tilde{v}_i\rangle_B$。因此,$\{|w_i\rangle_B\}$ 是标准正交的。则

$$|\psi\rangle_{AB} = \sum_{i=1}^N \sqrt{\lambda_i}|u_i\rangle_A|w_i\rangle_B \tag{2.51}$$

其中 $N\leqslant\dim\mathcal{H}_A$,且通过同样的推导方式可以得到 $N\leqslant\dim\mathcal{H}_B$。注意到

$$\rho_B = \text{Tr}_A(|\psi\rangle_{AB\,AB}\langle\psi|) = \sum_{i=1}^N \lambda_i|w_i\rangle_{BB}\langle w_i| \tag{2.52}$$

因此,$\{|w_i\rangle\}$ 是 ρ_B 的具有非零本征值的本征态,且 ρ_A 和 ρ_B 具有相同的非零本征值。式(2.47)的双张量和形式始终存在。但式(2.51)中的单张量和形式在二分态系统中也存在标准正交基矢。后者称为 Schmidt 分解。

2.6 纯化、约化密度矩阵与子系统表示

有了 Schmidt 分解的概念后,再了解一下纯化的概念。假设有一个密度矩阵

$$\rho_A = \sum_{i=1}^N p_i|\psi_i\rangle_{AA}\langle\psi_i| \tag{2.53}$$

其中 $|\psi_i\rangle\in\mathcal{H}_A$。现在要在一个更大空间中求一个量子态 $|\Phi\rangle_{AB}\in\mathcal{H}_A\otimes\mathcal{H}_B$,

使得

$$\rho_A = \mathrm{Tr}_B(|\Phi\rangle_{AB\,AB}\langle\Phi|) \tag{2.54}$$

$|\Phi\rangle_{AB}$ 称为 ρ_A 的纯化。

一种方法是选择 $\dim(\mathcal{H}_B) \geqslant N$ 且令 $\{|u_i\rangle\}$ 是 $\mathcal{H}_B$ 当中的标准正交基。则

$$|\Phi\rangle_{AB} = \sum_i \sqrt{p_i}\,|\psi_i\rangle_A\,|u_i\rangle_B \tag{2.55}$$

称为 ρ_A 的纯化。

纯化不是唯一的。但是如果在同一个 Hilbert 空间内存在两个纯化情况,仍可以研究它们之间的关系。假设有两个不同的量子态 $|\Phi_1\rangle_{AB}$ 和 $|\Phi_2\rangle_{AB}$,二者均位于 $\mathcal{H}_A \otimes \mathcal{H}_B$ 中,且均为 ρ_A 的纯化。它们之间存在怎样的函数关系?通过 Schmidt 分解,$|\Phi_1\rangle_{AB} = \sum_k \sqrt{\lambda_k}\,|u_k\rangle_A\,|v_k\rangle_B$ 且 $|\Phi_2\rangle_{AB} = \sum_k \sqrt{\lambda_k}\,|u_k\rangle_A\,|w_k\rangle_B$。两种量子态无论选取哪部分,$\rho_A$ 的本征值和本征矢是保持相同的。$\{|v_k\rangle_B\}$ 和 $\{|w_k\rangle_B\}$ 构成了标准正交集,因此在 $\mathcal{H}_B$ 当中至少存在一个幺正算子,称为 U_B,使得

$$|w_k\rangle_B = U_B\,|v_k\rangle_B \tag{2.56}$$

则 $|\Phi_2\rangle_{AB} = (I_A \otimes U_B)\,|\Phi_1\rangle_{AB}$。

2.7 问题

1.在第 1 章中,构造量子线路时用到了混合态,现在结合第 2 章的知识点,考虑一个复杂的量子线路,它由一个三量子比特和四个受控非门构成。其用途之一就是"量子克隆"。该线路的算子为 $U = D_{ca}D_{ba}D_{ac}D_{ab}$($D_{ab}$ 是一个受控非门,其中 a 是控制量子比特,b 是目标量子比特)。

(1)求一个 $U(|\psi\rangle_a\,|\Psi_+\rangle_{bc})$,其中

$$|\Psi_+\rangle_{bc} = \frac{1}{\sqrt{2}}(|0\rangle_b|0\rangle_c + |1\rangle_b|1\rangle_c)$$

且 $U(|\psi\rangle_a\,|0\rangle_b\,|+x\rangle_c)$。求出 $|\psi\rangle$ 在第一种情况下从端口 a 输出时对应的量子态,以及在第二种情况下从端口 b 输出时对应的量子态。

(2)现在求

$$|\Phi\rangle_{abc} = U\,|\psi\rangle_a(c_1|\Psi_+\rangle_{bc} + c_2|0\rangle_b\,|+x\rangle_c)$$

并求出使输入态为归一化的常数 c_1 和 c_2 的条件。这里的含义是,通过整合(1)部分中的两个输入态的影响,使 $|\psi\rangle$ 一部分信息包含在量子比特 a 中,另一部分将包含在量子比特 b 中。每个量子比特中的信息量取决于 c_1 和 c_2 的值。

(3)求出输出量子比特 a 和输出量子比特 b 的约化密度矩阵,即

$$\rho_a = \mathrm{Tr}_{bc}(|\Phi\rangle_{abcabc}\langle\Phi|) \qquad \rho_b = \mathrm{Tr}_{ac}(|\Phi\rangle_{abcabc}\langle\Phi|)$$

并确保两种情况下的答案都应是如下形式

$$\rho = s|\psi\rangle\langle\psi| + \frac{1-s}{2}I$$

其中 $0 \leqslant s \leqslant 1$。求当 $\rho_a = \rho_b$ 时 s 的值。注意到此方法的作用是产生两个非完美复制的量子态 $|\psi\rangle$。

2.二分态系统的 Schmidt 表示是非常方便的,因此自然会想到是否存在三量子纠缠态系统的 Schmidt 分解。但答案是否定的。证明三量子态不能写成如下形式

$$|\Psi\rangle_{abc} = \sum_{j=0}^{1} \sqrt{\lambda_j}\,|u_j\rangle_a|v_j\rangle_b|w_j\rangle_c$$

其中 $\{u_j|j=0,1\}$, $\{v_j|j=0,1\}$ 和 $\{w_j|j=0,1\}$ 是标准正交基。

3.假设 Alice 只能在标准基底中制备一个密度矩阵。她制备了如下一个二分态

$$\rho = \sum_{j,k=0}^{1} p_{jk}|j\rangle\langle j|\otimes|k\rangle\langle k|$$

她分别向 Bob 和 Charlie 各发送一个量子比特。如果 Bob 和 Charlie 没有用标准基底对该量子比特进行测量,他们得到一致的情况将会被限制。如果他们用 $|\pm x\rangle$ 基测量,他们的结果将是不一致的,即他们同样可能得到和相反结果情况一样的结论。

参考文献

[1] A. Peres, *Quantum Theory: Concepts and Methods* (Kluwer Academic Publishers, Dordrecht, 1995)

[2] M. Nielsen, I. Chuang, *Quantum Computation and Quantum Information* (Cambridge University Press, Cambridge, 2010)

第3章 纠 缠

3.1 纠缠的定义

先定义几个概念。考虑一个通过张量积张成的 Hilbert 空间内的量子态，$\mathcal{H}=\mathcal{H}_A\otimes\mathcal{H}_B$。如果一个纯态的张量积表示形式为

$$|\psi\rangle_{AB}=|\varphi_1\rangle_A\otimes|\varphi_2\rangle_B \tag{3.1}$$

则称它是非纠缠的，否则，它就是纠缠的。一个密度矩阵ρ_{AB}，如果是张量积态的混合形式，它就是可分离的

$$\rho_{AB}=\sum_i p_i\rho_{Ai}\otimes\rho_{Bi} \tag{3.2}$$

其中$0\leqslant p_i\leqslant 1$，且$\sum_i p_i=1$。如果$\rho_{AB}$是不可分离的，它就是纠缠的。纯态不存在纠缠，在系统 A 和 B 上的测量互不相关。对于一个可分离的密度矩阵，两个系统之间的测量只存在经典相关性。诚如所见，纠缠态能够产生比经典情况更强的相关性。最后，如果一个量子态发生纠缠，且约化密度矩阵与单位矩阵成比例时，就称一个量子态是最大纠缠的。

先简要了解一些双量子比特的例子。纯态$|0\rangle_A|0\rangle_B$是非纠缠的，其密度矩阵也是非纠缠的

$$\rho_{AB}=\frac{1}{3}|0\rangle_{AA}\langle 0|\otimes|0\rangle_{BB}\langle 0|+\frac{2}{3}|1\rangle_{AA}\langle 1|\otimes|1\rangle_{BB}\langle 1| \tag{3.3}$$

另一方面，这些称为 Bell 态的量子态

$$|\Phi_\pm\rangle_{AB}=\frac{1}{\sqrt{2}}(|01\rangle_{AB}\pm|10\rangle_{AB})$$

$$|\Psi_\pm\rangle_{AB}=\frac{1}{\sqrt{2}}(|00\rangle_{AB}\pm|11\rangle_{AB}) \tag{3.4}$$

是最大纠缠的。

3.2　Bell 不等式

因为纠缠态具有比经典密码更强的关联性,所以在量子通信协议中应用广泛,例如隐态传输和密集编码。在这之前,先了解一下非经典相关性的概念,即 Bell 不等式。

Bell 不等式的产生是基于被称为替代量子力学的局域性隐变量理论。其原理是,不同于量子力学,可观测量具有实际值,但具体意义未知,因为它们取决于未知的"隐变量"。在量子力学中,可观测值只有在测量后才有确定值。Bell 不等式表明,在一般假设下,隐变量产生与量子力学相冲突的预测。它可以通过实验验证,且结果与量子力学理论相吻合。

Bell 不等式的基本模型包括两个观察者,Alice 和 Bob,以及产生双粒子态的粒子源。其中一个粒子发送给 Alice,另一个发送给 Bob。Alice 可以测量她持有的粒子的可观测量 a_1 或 a_2。可观测值是 1 或 -1。类似地,Bob 可以测量他持有的粒子的可观测量 b_1 或 b_2,可观测值是 1 或 -1。通过多次重复该"思想实验",并根据结果计算出 $\langle a_i b_j \rangle$ 的期望值。

先看一下隐变量理论是如何描述这种情况的。粒子源同时产生粒子和指令集,并在发送过程中将粒子和指令集一同发送给观察者。举例而言,一个指令集可以这样表述,如果 Alice 测量 a_1,则她会得到结果 1,如果测量 a_2,则她会得到结果 -1,如果 Bob 测量 b_1,则他会得到结果 -1,如果测量 b_2 则他会得到结果 -1,或者简化表示为 $(a_1=1, a_2=-1, b_1=-1, b_2=-1)$。由于无法得知粒子源产生哪种指令集,所以指令集就是此处所说的隐变量。形容词"局域"正适用这种隐变量理论,因为 Alice 的粒子的指令不取决于 Bob 决定测量的可观测值。即如果 Alice 测量 a_1,则当 Bob 测量 b_1 时,Alice 将得到 1,且当 Bob 测量 b_2 时,她会得到 -1。这里只考虑局域性理论。假设每个指令集都以一定的概率发生。这等价于假设变量 a_1, a_2, b_1, b_2 具有联合概率分布 $P(a_1, a_2, b_1, b_2)$。于是就可以计算 $\langle a_1 b_1 \rangle$ 的期望值

$$\langle a_1 b_1 \rangle = \sum_{a_1=-1}^{1} \cdots \sum_{b_2=-1}^{1} a_1 b_1 P(a_1, a_2, b_1, b_2) \tag{3.5}$$

现在考虑等式

$$S = \langle a_1 b_1 \rangle + \langle a_1 b_2 \rangle + \langle a_2 b_1 \rangle - \langle a_2 b_2 \rangle$$

$$= \sum_{a_1=-1}^{1} \cdots \sum_{b_2=-1}^{1} [a_1(b_1+b_2) + a_2(b_1-b_2)] P(a_1, a_2, b_1, b_2) \tag{3.6}$$

这里称括号中的多项式为概率分布 X。当 $b_1 = b_2$ 时，$X = a_1(b_1 + b_2)$ 且当 $b_1 = -b_2$ 时，$X = a_2(b_1 - b_2)$。在这两种情况下，$|X| = 2$，因此有

$$|S| \leqslant \sum_{a_1 = -1}^{1} \cdots \sum_{b_2 = -1}^{1} P(a_1, a_2, b_1, b_2) = 2 \tag{3.7}$$

这就是 Bell 不等式。注意到，只需简单地交换 a_1 和 a_2，b_1 和 b_2 或两者都交换就可以推导出类似的不等式。

现在用量子力学来描述相同的实验，假设对两个自旋度为 $-1/2$ 自旋粒子进行测量。假设

$$\begin{aligned} a_1 &= \sigma_{xa} & a_2 &= \sigma_{ya} \\ b_1 &= \sigma_{xb} & b_2 &= \sigma_{yb} \end{aligned} \tag{3.8}$$

并且该粒子源输出的粒子的量子态为

$$|\Psi\rangle = \frac{1}{\sqrt{2}}(|00\rangle + e^{i\pi/4}|11\rangle) \tag{3.9}$$

其中

$$\begin{aligned} \sigma_x|0\rangle &= |1\rangle & \sigma_y|0\rangle &= i|1\rangle \\ \sigma_x|1\rangle &= |0\rangle & \sigma_y|1\rangle &= -i|0\rangle \end{aligned} \tag{3.10}$$

注意到 $|\Psi\rangle$ 是一个纠缠态。$\langle a_1 b_1 \rangle$，$\langle a_1 b_2 \rangle$ 和 $\langle a_2 b_1 \rangle$ 均等于 $\sqrt{2}/2$ 且 $\langle a_2 b_2 \rangle$ 等于 $-\sqrt{2}/2$。因此得到 $S = 2\sqrt{2}$，这违背了 Bell 不等式。

从中可以得到两个结论：第一，量子力学无法通过局域性隐变量理论描述；第二，在隐变量理论中，相关性基于经典联合分布函数。因此，量子力学可以产生比经典系统更强的关联性。

接下来要研究 Bell 不等式与纠缠之间的联系。通过证明如果 $|\Psi\rangle$ 不是纠缠态，则 Bell 不等式成立这一点可以说明此关系。如果 $|\Psi\rangle$ 是张量积态，则在 Bell 不等式中，期望值可以进行因式分解，即 $\langle a_i b_j \rangle = \langle a_i \rangle \langle b_j \rangle$。定义 $x_i = \langle a_i \rangle$ 且 $y_j = \langle b_j \rangle$（$i, j = 1, 2$），其中 $-1 \leqslant x_i \leqslant 1$，$-1 \leqslant y_i \leqslant 1$。定义 R 为 $y_1 y_2$ 平面区域，限定条件为 $\{-1 \leqslant y_i \leqslant 1 | j = 1, 2\}$。有

$$S = x_1(y_1 + y_2) + x_2(y_1 - y_2) \tag{3.11}$$

假设 $y_1 - y_2 = c > 0$，其中 $c \leqslant 2$。该直线与区域 R 的两条边界 $y_1 = 1$ 和 $y_2 = -1$ 分别相交于点 $y_1 = 1$，$y_2 = 1 - c$ 和点 $y_1 = c - 1$，$y_2 = -1$。这代表 $-c - 2 \leqslant y_1 + y_2 \leqslant 2 - c$。类似地，如果 $y_1 - y_2 = c < 0$，其中 $c > -2$，则该直线与区域 R 的两条边界 $y_1 = -1$ 和 $y_2 = 1$ 分别相交于点 $y_1 = -1$，$y_2 = -1 - c$ 和点 $y_1 = c + 1$，$y_2 = 1$。这代表 $-c - 2 \leqslant y_1 + y_2 \leqslant 2 + c$。可以通过不等式来总结这两种情况，对于 $|c| \leqslant 2$，有

$$|c| - 2 \leqslant y_1 + y_2 \leqslant 2 - |c| \tag{3.12}$$

因此,如果$y_1-y_2=c$,则$S=x_1(y_1+y_2)+x_2c$,且

$$-2\leqslant|x_1|(|c|-2)-|x_2||c|\leqslant S\leqslant|x_1|(2-|c|)+|x_2||c|\leqslant2$$

$$(3.13)$$

因此,可以得出结论,纯态不存在纠缠,Bell 不等式成立。这一结论可以很容易地延伸到可分离态,因为一个可分离态是张量积态的非相干叠加,且对于每一个张量积态而言,Bell 不等式都成立。

目前已研究了几种满足 Bell 不等式的量子态,现在反证量子力学原理下可以实现 Bell 不等式的最大违背度,这可以通过 Tsirelson 不等式得到。为了得到 Tsirelson 不等式的极限值,定义a_j和b_j是本征值为±1的 hermitian 算子,因此$a_j{}^2=b_j{}^2=I$。进一步定义算子$C=a_1b_1+a_1b_2+a_2b_1-a_2b_2$。可以得到

$$2\sqrt{2}-C=\frac{1}{\sqrt{2}}(a_1{}^2+a_2{}^2+b_1{}^2+b_2{}^2)-C=\frac{1}{\sqrt{2}}\left(a_1-\frac{b_1+b_2}{\sqrt{2}}\right)^2+$$

$$\frac{1}{\sqrt{2}}\left(a_2-\frac{b_1+b_2}{\sqrt{2}}\right)^2\geqslant0$$

$$(3.14)$$

因此,$\langle C\rangle\leqslant2\sqrt{2}$。同样地,将上述不等式中所有负号替换成正号后,可以证明$\langle C\rangle\geqslant-2\sqrt{2}$,并且因为$S=\langle C\rangle$,所以

$$|S|\leqslant2\sqrt{2}$$

$$(3.15)$$

即 Tsirelson 不等式。

3.3　纠缠的代表性应用:密集编码和隐态传输

本节将研究量子纠缠的一些有趣案例,通过这些案例,可以了解到量子纠缠在实现量子远程信息通信任务中的重要性。

3.3.1　密集编码

在量子远程信息通信中,通信双方一般称为 Alice 和 Bob,只通过交换一个量子比特来实现两位经典信息的通信,其关键是纠缠。假设 Alice 和 Bob 共享一个纠缠对$|\Phi_-\rangle=\frac{1}{\sqrt{2}}(|01\rangle_{AB}-|10\rangle_{AB})$。在此纠缠对中,Alice 持有一个粒子,记为$A$。Bob 持有另一个粒子,记为$B$。Bob 在四种操作当中选择一种对粒子$B$进行变换,并将变换后的粒子发送给 Alice。四种操作和由此产生的双量子态目前全在 Alice 一方,详见表 3-1。

表 3 - 1　Bob 可能进行的操作及对应的 Alice 一端的双量子态

Bob 的操作	I	σ_x	σ_y	σ_z
Alice 端	$|\Phi_-\rangle$	$|\Psi_-\rangle$	$-i|\Psi_+\rangle$	$-|\Phi_+\rangle$

现在 Alice 拥有四个可完全区分的正交态当中的一个量子态。用 Bell 基测量后，Alice 将知道 Bob 选择哪种操作。Bob 只发送了单比特粒子给 Alice，但是 Alice 可以完美区分四种经典信息情况，即单（纠缠）量子比特携带了两位经典信息。

3.3.2　隐态传输

Alice 持有一个量子比特，称为 A_1，其量子态为 $|\psi\rangle$。她想将 A_1 的量子态传输到 Bob 的量子比特 B 上。Alice 甚至不知道 $|\psi\rangle$ 的信息。测量量子态 $|\psi\rangle$ 并传输经典信息的做法是不可行的，因为没有足够的信息来重组量子态。

在隐态传输过程中，Alice 和 Bob 共享一个纠缠对 A_2, B，其量子态为 $|\psi\rangle_{A_2B} = \dfrac{1}{\sqrt{2}}(|01\rangle_{A_2B} - |10\rangle_{A_2B})$。三个量子比特组成的总量子态，包括隐态传输比特和纠缠对的量子态，可以写成

$$
\begin{aligned}
|\psi\rangle_{A_1}|\psi\rangle_{A_2B} &= \frac{1}{\sqrt{2}}(\alpha\,|0\rangle_{A_1} + \beta\,|1\rangle_{A_1})(|01\rangle_{A_2B} - |10\rangle_{A_2B}) \\
&= \frac{1}{\sqrt{2}}(\alpha\,|00\rangle_{A_1A_2}|1\rangle_B - \alpha\,|10\rangle_{A_1A_2}|0\rangle_B + \\
&\quad \beta\,|10\rangle_{A_1A_2}|1\rangle_B - \beta\,|11\rangle_{A_1A_2}|0\rangle_B) \\
&= \frac{1}{2}\{|\Phi_+\rangle_{A_1A_2}(-\sigma_z|\psi\rangle_B) + |\Phi_-\rangle_{A_1A_2}(-|\psi\rangle_B) + \\
&\quad |\Psi_+\rangle_{A_1A_2}(-\sigma_x\sigma_z|\psi\rangle_B) + |\Psi_-\rangle_{A_1A_2}(\sigma_x|\psi\rangle_B)\}
\end{aligned}
\tag{3.16}
$$

关键在于最后一行。当整个三量子态被分解为 Alice 的双量子比特的四个 Bell 基态时，Bob 与每项对应的量子比特通过一种简单的方式和隐态传输产生关联。当 Alice 用 Bell 基测量她的量子态时，她会通过一个经典信道告诉 Bob 测量结果，Bob 可以选择合适的算子对他的量子比特进行操作来还原 Alice 的量子比特信息。Alice 测量得到的四种可能结果和 Bob 对应每种测量结果所选择的算子情况见表3 - 2。

表 3 - 2　Alice 的测量结果和 Bob 对应的操作

Alice 端	$|\Phi_+\rangle$	$|\Phi_-\rangle$	$|\Psi_+\rangle$	$|\Psi_-\rangle$
Bob 的操作	σ_z	I(不做改变)	$\sigma_z\sigma_x$	σ_x

有关$|\psi\rangle$的所有信息都传输给 Bob 了,Alice 毫无保留。最后 Alice 一端剩下了一个纠缠态。如果制备了完全相同的量子态A_1传输给 Alice,Alice 在此过程中将永远无法了解到它的状态。尽管如此,该量子态还是会如实传输到 Bob 的量子比特B中。

3.4　可分离性条件

如何判定一个给定的密度矩阵是可分离的? 其充分必要条件已知在最简单的特殊情况下存在。总之,目前尚未有足够分量的充要条件来确定一个量子态是纠缠的还是可分离的。但是还是存在一些充分条件。

这些充分条件中就包含 Bell 不等式。对于双量子比特,选择$a_1=\overrightarrow{n_1}\cdot\overrightarrow{\sigma}$,$a_2=\overrightarrow{n_2}\cdot\overrightarrow{\sigma}$,$b_1=\overrightarrow{n_3}\cdot\overrightarrow{\sigma}$,$b_2=\overrightarrow{n_4}\cdot\overrightarrow{\sigma}$,其中,$\overrightarrow{n_j}$是单位矢量。如果在单位矢量集合$\{\overrightarrow{n_j}\,|\,j=1,\cdots,4\}$中选择某一项,使得$\rho_{AB}$违背 Bell 不等式,则$\rho_{AB}$就是纠缠的。该标准适用性不强,因为存在大量满足 Bell 不等式的纠缠态。

Peres 发现了更具适用性的检测方法,称为部分转置正定(PPT)判据。考虑在任意维 Hilbert 空间$\mathcal{H}_A\otimes\mathcal{H}_B$上的一个单位矩阵。在某些张量积基上存在密度矩阵元素$\rho_{m\mu;n\nu}={}_A\langle m\,|\otimes_B\langle\mu\,|\rho\,|\,n\rangle_A\otimes|\,v\rangle_B$。

密度矩阵ρ的部分转置的矩阵元素为

$$\rho^{T_B}_{m\mu;n\nu}=\rho_{m\nu;n\mu} \tag{3.17}$$

算子ρ^{T_B}取决于转置所定义的基底,但是其本征值不受影响。如果$\rho^{T_B}\geqslant 0$,则称一个量子态满足 PPT。一个可分离量子态始终满足 PPT。因为如果ρ_{AB}可分离,则$\rho^{T_B}_{AB}=\sum_i p_i\rho_{Ai}\otimes\rho^T_{Bi}$,且当$\rho_{Bi}\geqslant 0$ 时,$\rho^T_{Bi}\geqslant 0$。

因此,如果部分转置矩阵是非正定的,则其量子态就是纠缠的。因此,PPT 判据是充分的。对于一个 2⊗2(二维双量子比特)和 2⊗3(二维单量子比特-三维单量子比特)系统,其相反情况也成立:如果一个量子态是纠缠的,则其部分转置是非正的。因此,对于这些系统,PTT 判据也是必要的。

举个例子,考虑如下的双量子态

$$\rho_{AB}=p\,|\,\Phi_-\,\rangle_{ABAB}\langle\,\Phi_-\,|+(1-p)\,|\,00\rangle_{ABAB}\langle\,00\,| \tag{3.18}$$

可以证明,当$p\leqslant\dfrac{1}{\sqrt{2}}$时,所有的 Bell 不等式都满足该量子态。

现在,将 PPT 判据应用到相同的量子态上。在标准 Bell 态基底$\{|\,00\rangle,|\,01\rangle,|\,10\rangle,|\,11\rangle\}$下,上述密度矩阵可以写成

$$\rho = \begin{pmatrix} 1-p & 0 & 0 & 0 \\ 0 & \dfrac{p}{2} & -\dfrac{p}{2} & 0 \\ 0 & -\dfrac{p}{2} & \dfrac{p}{2} & 0 \\ 0 & 0 & 0 & 0 \end{pmatrix} \tag{3.19}$$

它关于 B 的部分转置为

$$\rho = \begin{pmatrix} 1-p & 0 & 0 & -\dfrac{p}{2} \\ 0 & \dfrac{p}{2} & 0 & 0 \\ 0 & 0 & \dfrac{p}{2} & 0 \\ -\dfrac{p}{2} & 0 & 0 & 0 \end{pmatrix} \tag{3.20}$$

其本征值可以通过本征方程 $\det(\rho^{T_B} - \lambda I) = 0$ 确定，得到

$$\left(\frac{p}{2} - \lambda \right)^2 \left(\lambda^2 - (1-p)\lambda - \frac{p^2}{4} \right) = 0 \tag{3.21}$$

因此本征值为 $\lambda_{1,2} = \dfrac{p}{2}$ 和 $\lambda_{3,4} = \dfrac{1}{2} [(1-p) \pm (1-2p+2p^2)^{1/2}]$。这些本征值当中有三个是正的。当 $p > 0$ 时，第四个是 $\lambda_4 = \dfrac{1}{2} \{(1-p) - [(1-p)^2 + p^2]^{1/2}\} < 0$。因此，当 $p > 0$，部分转置是非正定的，且量子态是纠缠的。注意到，当 $p \leqslant \dfrac{1}{\sqrt{2}}$ 时，式 (3.21) 与 Bell 不等式矛盾，因此 PPT 判据比违背 Bell 不等式的条件适用性更强。

除此之外，还可以利用纠缠证据算子检测量子态是否是纠缠的。纠缠证据算子 W 是 hermitian 算子，满足两种性质。一是对于任何的可分离密度矩阵 ρ_s，都有 $\mathrm{Tr}(\rho_s W) \geqslant 0$。二是至少存在一个纠缠密度矩阵 ρ_e，使得 $\mathrm{Tr}(\rho_e W) < 0$。因为 W 是 hermitian 算子，至少原则上可对其可观测量进行测量。因此纠缠证据算子是一种确定一个量子态是否发生纠缠的实验手段。

现在可以构建一个部分转置为负的量子态的纠缠见证算子。假设 ρ^{T_B} 有一个负本征值 λ_-，本征矢为 $|\eta\rangle$。根据任意两个在 Hilbert 空间 $\mathcal{H}_A \otimes \mathcal{H}_B$ 上的算子 X 和 Y，都有 $\mathrm{Tr}(X^{T_B} Y) = \mathrm{Tr}(X Y^{T_B})$ 这一事实，可以得到

$$\mathrm{Tr}(\rho(|\eta\rangle\langle\eta|)^{T_B}) = \mathrm{Tr}(\rho^{T_B}|\eta\rangle\langle\eta|) = \lambda_- < 0 \tag{3.22}$$

另一方面，由于为 ρ_s 是可分离的，有

$$\mathrm{Tr}(\rho_s(|\eta\rangle\langle\eta|)^{T_B}) = \mathrm{Tr}(\rho_s^{T_B}|\eta\rangle\langle\eta|) > 0 \qquad (3.23)$$

因为 $\rho_s^{T_B}$ 是一个正算子。因此，$(|\eta\rangle\langle\eta|)^{T_B}$ 是一个关于量子态 ρ 的纠缠见证算子。

  在过去几年间，还出现了许多其他的可分离性条件，所以这个问题将持续讨论下去。现在需要找到可以与连续变量系统一起使用的条件。由于这些系统维度无限大，所以难以使用部分转置条件，因此要寻找约束性更弱的条件。所有这些条件都可以从部分转置条件中推导得出，但是不会直接利用部分转置条件推导。

  考虑同一方向上的两个粒子，或者电磁场的两种模式。每个粒子都有一个位置算子 x_j 和一个动量算子 p_j，其中 $j=1,2$ 且 $[x_j,p_j]=i$。在场模式情形下，这些算子可以是正交算子 $x_j=(a_j^{\dagger}+a_j)/\sqrt{2}$ 和 $p_j=i(a_j^{\dagger}-a_j)/\sqrt{2}$，当 $j=1,2$ 时，$a_j^{\dagger}$ 和 a_j 分别对应两种模式下的湮灭算子和产生算子。其交换关系服从 x_j 和 p_j，意味着 $(\Delta x_j)(\Delta p_j) \geqslant 1/2$，其中 $(\Delta x_j)^2=\langle x_j^2\rangle-\langle x_j\rangle^2$，对于 $(\Delta p_j)^2$ 也是类似的。现在定义两个算子

$$u = |\alpha|x_1 + \frac{1}{\alpha}x_2$$
$$v = |\alpha|p_1 - \frac{1}{\alpha}p_2 \qquad (3.24)$$

其中 α 是实数。现在证明对于所有可分离态，都有

$$(\Delta u)^2 + (\Delta v)^2 \geqslant \alpha^2 + \frac{1}{\alpha^2} \qquad (3.25)$$

这意味着如果某个特定量子态和这种情况相矛盾，则该量子态是纠缠的。但是，如果条件满足，就无法得知该量子态是否发生纠缠。因此，纠缠的充分非必要条件可以表述为是否违背 Bell 不等式。

  现在证明这一结论。假设一个密度矩阵是可分离的，则它的表示形式如下

$$\rho = \sum_k p_k \rho_{1k} \otimes \rho_{2k} \qquad (3.26)$$

便有

$$(\Delta u)^2 + (\Delta v)^2 = \sum_k p_k(\langle u^2\rangle_k + \langle v^2\rangle_k) - \langle u\rangle^2 - \langle v\rangle^2$$

$$= \sum_k p_k\left(\alpha^2\langle x_1^2\rangle_k + \frac{1}{\alpha^2}\langle x_2^2\rangle_k + \alpha^2\langle p_1^2\rangle_k + \frac{1}{\alpha^2}\langle p_2^2\rangle_k\right) +$$

$$2\frac{\alpha}{|\alpha|}\sum_k p_k(\langle x_1\rangle_k\langle x_2\rangle_k - \langle p_1\rangle_k\langle p_2\rangle_k) - \langle u\rangle^2 - \langle v\rangle^2 \qquad (3.27)$$

其中 $\rho_{1k}\otimes\rho_{2k}$ 的期望值用下标 k 表示，整个密度矩阵 ρ 的期望值无下标表示。继续计算得到

$$(\Delta u)^2 + (\Delta v)^2 = \sum_k p_k \left(\alpha^2 (\Delta x_1)^2_k + \frac{1}{\alpha^2} (\Delta x_2)^2_k + \Delta (p_1)^2_k + \frac{1}{\alpha^2} \Delta (p_2)^2_k \right) +$$
$$\sum_k p_k \langle u \rangle^2_k - \left(\sum_k p_k \langle u \rangle_k \right)^2 +$$
$$\sum_k p_k \langle v \rangle^2_k - \left(\sum_k p_k \langle v \rangle_k \right)^2$$

$$(3.28)$$

根据 Schwarz 不等式有

$$\left(\sum_k p_k \langle u \rangle_k \right)^2 \leqslant \sum_k p_k \langle u \rangle^2_k \tag{3.29}$$

对于 v 类似。因此

$$(\Delta u)^2 + (\Delta v)^2 \geqslant \sum_k p_k \left(\alpha^2 (\Delta x_1)^2_k + \frac{1}{\alpha^2} (\Delta x_2)^2_k + \Delta (p_1)^2_k + \frac{1}{\alpha^2} (\Delta p_2)^2_k \right)$$

$$(3.30)$$

现在 x_1 和 p_1 之间的不确定关系可以写成

$$(\Delta x_1)^2_k + (\Delta p_1)^2_k \geqslant (\Delta x_1)^2_k + \frac{1}{4 (\Delta x_1)^2_k} \geqslant 1 \tag{3.31}$$

对于 x_2 和 p_2 是类似的。将这些不等式带入式(3.30)就可以得到预期结果。

$\alpha = 1$ 时可以得到一个特别简单的结果。如果

$$(\Delta (x_1 + x_2))^2 + (\Delta (p_1 \pm p_2))^2 < 2 \tag{3.32}$$

则称量子态是纠缠的。注意到 $[x_1 + x_2, p_1 - p_2] = 0$，这两种不确定性都可以降至最低。从上述不等式中可以发现，如果不确定性足够小，其量子态必是纠缠的。

纠缠态中只有一个子集会违背不等式(3.25)。例如，一个双模式量子态 $(|0\rangle_1 |1\rangle_2 + |1\rangle_1 |0\rangle_2) / \sqrt{2}$ 是纠缠态。即模式 1 下有一个光子、模式 2 下无光子和模式 1 下无光子、模式 2 下有一个光子的两种情况叠加，但是不会被式(3.25)检测到。因此，存在更多的纠缠条件。现在讨论最后一个条件，这实际上是证明双模式量子态是纠缠的。

任意选择一个系统来证明该条件。令 A 是一个在 Hilbert 空间 $\mathcal{H}_A$ 上的算子，B 是一个在 Hilbert 空间 $\mathcal{H}_B$ 上的算子。对于一个在 Hilbert 空间 $\mathcal{H}_A \otimes \mathcal{H}_B$ 中的张量积态，有

$$|\langle AB^\dagger \rangle| = |\langle A \rangle \langle B^\dagger \rangle| = |\langle AB \rangle| \leqslant \langle A^\dagger A B^\dagger B \rangle^{1/2} \tag{3.33}$$

现在考虑一个一般的可分离态的密度矩阵 $\rho = \sum_k p_k \rho_k$，其中 ρ_k 是一个纯张量积态的密度矩阵，p_k 是 ρ_k 的概率。概率满足 $\sum_k p_k = 1$。得到

$$|\langle AB^\dagger\rangle| \leqslant \sum_k p_k |\mathrm{Tr}(\rho_k AB^\dagger)| \tag{3.34}$$

$$\leqslant \sum_k p_k (\langle A^\dagger AB^\dagger B\rangle_k)^{\frac{1}{2}}$$

其中$\langle A^\dagger AB^\dagger B\rangle_k = \mathrm{Tr}(\rho_k A^\dagger AB^\dagger B)$。这里可以应用 Schwarz 不等式,从而得到

$$|\langle AB^\dagger\rangle| \leqslant \left(\sum_k p_k\right)^{1/2}\left(\sum_k p_k \langle A^\dagger AB^\dagger B\rangle_k\right)^{1/2} \tag{3.35}$$

$$\leqslant (\langle A^\dagger AB^\dagger B\rangle)^{\frac{1}{2}}$$

如果存在一个量子态违背该不等式,该量子态就是纠缠的。此条件很一般化,因为没有明确 A 和 B 的算子种类。此条件可以应用于有限维空间、无限维空间或二者兼有的情况。

回到之前假设的双模式量子态,并令 $A=a_1$ 和 $B=a_2$,可以发现对于该量子态,$|\langle a_1 a_2^\dagger\rangle| = 1/\sqrt{2}$ 且 $\langle a_1^\dagger a_1 a_2^\dagger a_2\rangle = 0$。这明显违背上述不等式,从而证明该量子态是纠缠的。

3.5　纠缠蒸馏和纠缠形成

正如刚才在前几节的例子中所见,获得最大纠缠量子比特对是实现量子通信中几项基本任务(包括密集编码和隐态传输)的重要手段。实际便是如此。如果 Alice 和 Bob 分享一个最大纠缠双量子态,如单重态,则称它们共享一个纠缠位。纠缠位即纠缠共享,是重要的应用手段,现在考虑另外两个过程,并证明其是有用的。它们是:

- 纠缠蒸馏　Alice 和 Bob 共享 n 个非最大纠缠态。在仅进行局域操作和经典通信(LOCC)的情况下,它们能产生多少最大纠缠对(例如单重态或纠缠位)?
- 纠缠形成　Alice 和 Bob 共享了 n 个纠缠位,现要复制一些非最大纠缠态 $|\psi\rangle_{AB}$。仅通过 LOCC 方式能够复制多少 $|\psi\rangle_{AB}$?注意到,这其实是纠缠蒸馏的逆过程,亦可称为纠缠稀释。

3.5.1　局域操作和经典通信[LOCC]

当然,必须回答第一个问题:什么是 LOCC?经典通信的意义显而易见,不需要进一步解释。另一方面,局域操作需要做一些解释。它们是由某一通信方(Alice 或 Bob)单独执行的操作。其操作的可能情况包括:

(1)增加辅助系统,但是不与其他系统发生纠缠。

(2)幺正操作。

(3)正交测量。

(4)丢弃部分系统。

注意到上述可能情况不包括交换量子比特。

现在,有了 LOCC 的概念,可以利用当中两种情况举两个简单例子。

3.5.2 纠缠蒸馏:Procrustean 法

在此非最佳协议中,Alice 和 Bob 一开始共享一个非最大化纠缠态 $|\psi\rangle_{AB} = \cos\theta |00\rangle_{AB} + \sin\theta |11\rangle_{AB}$,其中 $\cos\theta > \sin\theta$,并且双方想提取最大纠缠 Bell 态 $|\psi_+\rangle = \frac{1}{\sqrt{2}}(|00\rangle_{AB} + |11\rangle_{AB})$。注意到 $0 \leqslant \theta \leqslant \frac{\pi}{4}$。协议共分三步。

(1)Alice 增加一个辅助量子比特 A',其量子态为 $|0\rangle_{A'}$,因此整个量子态变成 $|\psi\rangle_{AB} \otimes |0\rangle_{A'} = \cos\theta |00\rangle_{AA'} \otimes |0\rangle_B + \sin\theta |10\rangle_{AA'} \otimes |1\rangle_B$。

(2)Alice 通过一个幺正变换 U_A 做映射

$$U_A |10\rangle_{AA'} = |10\rangle_{AA'}$$
$$U_A |00\rangle_{AA'} = \tan\theta |00\rangle_{AA'} + (1 - \tan^2\theta)^{1/2} |01\rangle_{AA'}$$

因此整个量子态变成

$$(U_A \otimes I_B)(|\psi\rangle_{AB} \otimes |0\rangle_{A'}) = [\sin\theta |00\rangle_{AA'} + (1 - 2\sin^2\theta)^{1/2} |01\rangle_{AA'}] \otimes |0\rangle_B +$$
$$\sin\theta |10\rangle_{AA'} \otimes |1\rangle_B$$
$$= \sqrt{2}\sin\theta |0\rangle_{A'} \otimes \frac{1}{\sqrt{2}}(|00\rangle_{AB} + |11\rangle_{AB}) +$$
$$(1 - 2\sin^2\theta)^{1/2} |1\rangle_{A'} \otimes |10\rangle_{AB}$$

(3)Alice 测量量子比特 A' 的量子态,如果测量结果是 $|0\rangle_{A'}$,则 Alice 和 Bob 保留结果,因为他们产生了纠缠位 $|\psi_+\rangle_{AB}$。否则他们将丢弃结果并重复上述步骤。

该协议的成功概率为 $p_S = 2\sin^2\theta = 1 - \cos(2\theta)$。因此,如果 Alice 和 Bob 最初共享 n 对 $|\psi\rangle_{AB}$,则通过该一过程得到的预期纠缠位的数量是 $n[1 - \cos(2\theta)]$。

3.5.3 纠缠形成

再次说明,该方法不是最佳的,但能够凸显纠缠的重要性。最初,Alice 和 Bob 共享一个纠缠位,其纠缠态为 $|\varphi_-\rangle_{AB}$,并且他们想产生一个纠缠态 $|\psi\rangle_{AB} = \cos\theta |00\rangle_{AB} + \sin\theta |11\rangle_{AB}$。该协议有两个步骤:

(1)Alice 在其实验室制备纠缠态 $|\psi\rangle_{AA'} = \cos\theta |00\rangle_{AA'} + \sin\theta |11\rangle_{AA'}$。

(2)Alice 用纠缠比特位(和 Bob 共享的单重态)将粒子 A' 的量子态通过隐态传

输的方式发送给 Bob。

最终结果是,在隐态传输过程后,Alice 和 Bob 共享量子态$|\psi\rangle_{AB}=\cos\theta\,|00\rangle_{AB}+\sin\theta\,|11\rangle_{AB}$。

3.6　纠缠度

目前为止,只是在定性层面讨论纠缠。本节要引入纠缠度这一概念,它可以衡量纠缠态的纠缠程度。先讨论纯态的纠缠度,接下来再研究混合态的纠缠度。

3.6.1　衡量纯二分态纠缠度的 von Neumann 熵:第一组性质

对于一个纯二分态$|\psi\rangle_{AB}$,可以用一个约化密度矩阵的 von Neumann 熵衡量其纠缠度,用符号 E 表示,即

$$E(|\psi\rangle_{AB})=S(\rho_A)=S(\rho_B) \tag{3.36}$$

这里 $S(\rho)=-\mathrm{Tr}(\rho\,\log_2\rho)=-\sum_i\lambda_i\log_2\lambda_i$ 是 von Neumann 熵。注意到如果 $|\psi\rangle_{AB}=|\psi\rangle_A\otimes|\psi\rangle_B$,则 $E(|\psi\rangle_{AB})=0$,因为纯态的 von Neumann 熵为 0。

这里列举一些 E 作为衡量纠缠度的理想标准性质:

(1)独立系统的纠缠是附加的。

证明:如果有两个互相独立的纯二态系统,则求出每个系统中一个粒子的量子态后,余下的两个粒子将以独立混合态形式呈现,$\mathrm{Tr}_{BB'}\{|\psi\rangle_{AB}\otimes|\psi'\rangle_{A'B'AB}\langle\psi|\otimes_{A'B'}\langle\psi'|\}=\rho_A\otimes\rho_{A'}$,其中$\rho_A=\mathrm{Tr}_B\{|\psi\rangle_{ABAB}\langle\psi|\}$且$\rho_{A'}=\mathrm{Tr}_{B'}\{|\psi'\rangle_{A'B'A'B'}\langle\psi'|\}$。因此,现在需要证明 $S(\rho_A\otimes\rho_{A'})=S(\rho_A)+S(\rho_{A'})$。为了解决这一问题,引入对角化表示,$\rho_A=\sum_n\lambda_n\,|n\rangle\langle n|$ 且 $\rho_{A'}=\sum_{n'}\lambda_{n'}\,|n'\rangle\langle n'|$,得到 $\rho_A\otimes\rho_{A'}=\sum_n\lambda_n\lambda_{n'}(|n\rangle\langle n|)\otimes(|n'\rangle\langle n'|)$。最后得到

$$
\begin{aligned}
S(\rho_A\otimes\rho_{A'}) &=-\mathrm{Tr}\Big\{\sum_{n,n'}\lambda_n\lambda_{n'}\log_2(\lambda_n\lambda_{n'})(|n\rangle\langle n|)\otimes(|n'\rangle\langle n'|)\Big\}\\
&=-\sum_{n,n'}\lambda_n\lambda_{n'}(\log_2(\lambda_n)+\log_2(\lambda_{n'}))\\
&=S(\rho_A)+S(\rho_{A'})
\end{aligned}
$$

(2)E 在局域性幺正操作下是可逆的。

证明:这是根据迹循环不变性质得出的结论,可以直接证明。最一般的局域性幺正操作可以写成$|\psi'\rangle_{AB}=U_A\otimes U_B|\psi\rangle_{AB}$得到$\rho'=U_A\rho_A U_A^{-1}$,且通过迹的循环不变性质可以得到 $S(\rho_A)=S(\rho_{A'})$。

(3)E,或者 E 的均值无法通过 LOCC 操作增加。

这点将在后面证明(详见 3.6.4~3.6.6 节)。

(4)纠缠可以在仅通过 LOCC 的情况下用渐近效率 E 进行浓缩和蒸馏操作。[C. Bennett, H. Bernstein, S. Popescu and B. Schumacher, Phys. Rev. A 53, 2046 (1996)]。注意到 E 在 LOCC 操作下的最理想情况是无增加。

解释如下：

①Alice 和 Bob 共享 k 对 $|\psi\rangle_{AB}$ 并从中产生 n 个单重纠缠对。只进行 LOCC 操作时，$k \to \infty$，$\dfrac{n}{k} \to E(|\psi\rangle_{AB})$。

②Alice 和 Bob 共享 k 对 $|\Phi_-\rangle_{AB}$ (单重态)并从中产生 n 个 $|\psi\rangle_{AB}$。只进行 LOCC 操作时，$k \to \infty$，$\dfrac{k}{n} \to E(|\psi\rangle_{AB})$。

3.6.2　有用的辅助量：相对熵与 Klein 不等式

为进一步研究 von Neumann 熵的其他性质，有必要先引入辅助量的概念，即所谓的相对熵。定义量子态 ρ 相对于另一个量子态 σ 的相对量子熵为

$$S(\rho||\sigma) = \mathrm{Tr}(\rho\lg\rho) - \mathrm{Tr}(\rho\lg\sigma) \tag{3.37}$$

相对熵的一个重要特性是非负性，即满足 Klein 不等式

$$S(\rho||\sigma) \geqslant 0 \tag{3.38}$$

证明：令 $\rho = \sum_i p_i |u_i\rangle\langle u_i|$ 和 $\sigma = \sum_i q_i |v_i\rangle\langle v_i|$ 分别为 ρ 和 σ 的对角化表示。则 $S(\rho||\sigma) = \sum_i p_i (\lg p_i - \langle u_i|\lg\sigma|u_i\rangle)$ 且 $\langle u_i|\lg\sigma|u_i\rangle = \sum_j \lg q_j \cdot |\langle u_i|v_j\rangle|^2$，于是有

$$S(\rho||\sigma) = \sum_i p_i (\lg p_i - \lg q_j \cdot |\langle u_i|v_j\rangle|^2) \tag{3.39}$$

现在要利用变量 x 的凸函数 $\lg x$。这意味着在曲线 $\lg x$ 上任意两点 $\lg x_1$ 和 $\lg x_2$ 所连成的直线都位于曲线 $\lg x$ 下方。在数学上，当 $x_1 \leqslant x \leqslant x_2$ 时直线 $y = \lg x_1 + \dfrac{\lg x_2 - \lg x_1}{x_2 - x_1}(x - x_1)$ 始终位于 $\lg x$ 下方。如果引入 $s = \dfrac{x - x_1}{x_1 - x_2}$，其关系式可以改写成 $\lg x_1 + s(\lg x_2 - \lg x_1) \leqslant \lg[x_1 + s(x_2 - x_1)]$，或者在重新排列后，得到 $(1-s)\lg x_1 + s\lg x_2 \leqslant \lg[(1-s)x_1 + sx_2]$。

如果引入 $r_i = \sum_i |\langle u_i|v_j\rangle|^2 q_j$ 则最后一个不等式将变成 $\sum_i |\langle u_i|v_j\rangle|^2 \lg q_j \leqslant \lg r_i$。利用该不等式，代入式(3.39)，得到

$$S(\rho||\sigma) \geqslant \sum_i p_i \lg \frac{p_i}{r_i} \tag{3.40}$$

因为 $\lg x \ln 2 = \ln x \leqslant x - 1$,等式右边满足

$$\sum_i p_i \lg \frac{p_i}{r_i} = -\sum_i p_i \lg \frac{r_i}{p_i} \geqslant \sum_i p_i \left(1 - \frac{r_i}{p_i}\right) \cdot \frac{1}{\ln 2} = \sum_i (p_i - r_i) \cdot \frac{1}{\ln 2} = 0$$

$$(3.41)$$

根据式(3.40),已完成 Klein 不等式即式(3.38)的证明。

3.6.3　von Neumann 熵:第二组性质

Klein 不等式是深入研究 von Neumann 熵的一个重要工具。所以,在额外引出这个数学工具后,又回到了对 $S(\rho)$ 的性质的研究:

(1)对于一个 d 维系统而言,存在

$$0 \leqslant S(\rho) \leqslant \lg d \tag{3.42}$$

证明:根据 von Neumann 熵的定义,下限值很容易得到。上限值可以通过在相对熵当中设 $\sigma = \frac{1}{d} I$ 得到。则 Klein 不等式变成 $S(\rho || \sigma) = -S(\rho) - \sum_i \langle u_i | \rho \lg(\frac{1}{d} I) | u_I \rangle = -S(\rho) + \lg d$ 且 $-S(\rho) + \lg d \geqslant 0$,因此得到了 von Neumann 熵的上限值。

(2)假设 p_i 是概率,$|i\rangle$ 是系统 A 的标准正交态,$\{\rho_i\}$ 是系统 B 的密度矩阵集合。则

$$S\left(\sum_i p_i |i\rangle\langle i| \otimes \rho_i\right) = H(\{\rho_i\}) + \sum_i p_i S(\rho_i) \tag{3.43}$$

其中 $H(\{\rho_i\}) = -\sum_i p_i \lg p_i$ 是系统 A 的 Shannon 熵,具有概率分布 $\{\rho_i\}$。

证明:对于给定的 i,令 $\{u_{ij}\}$ 为 ρ_i 的本征态,其对应的本征值为 $\{\lambda_{ij}\}$。根据熵的定义,用基 $|i\rangle \otimes |u_{ij}\rangle$ 求迹,得到

$$S\left(\sum_i p_i |i\rangle\langle i| \otimes \rho_i\right) = -\sum_i \sum_j p_i \lambda_{ij} \lg(p_i \lambda_{ij})$$

$$= -\sum_i \sum_j p_i \lambda_{ij} (\lg p_i + \lg \lambda_{ij}) \tag{3.44}$$

$$= -\sum_i p_i \lg p_i + \sum_i p_i S(\rho_i)$$

式子(3.43)证毕。

(3)熵的次可加性。

现在开始证明熵的次可加性,如果 $\rho_A = \text{Tr}_B \rho_{AB}$ 且 $\rho_B = \text{Tr}_A \rho_{AB}$,则

$$S(\rho_{AB}) \leqslant S(\rho_A) + S(\rho_B)。 \tag{3.45}$$

证明:为了证明该性质,需再次使用 Klein 不等式,这次令 $\rho = \rho_{AB}$,$\sigma = \rho_A \otimes \rho_B$。

可以得到

$$S(\rho_{AB}||\rho_A\otimes\rho_B)=\mathrm{Tr}(\rho_{AB}\lg\rho_{AB})-\mathrm{Tr}[\rho_{AB}\lg\rho_A\otimes\rho_B]\geqslant0 \qquad (3.46)$$

且

$$\mathrm{Tr}[\rho_{AB}\lg\rho_A\otimes\rho_B]=\mathrm{Tr}[\rho_{AB}(\lg\rho_A\otimes I_B+I_A\otimes\lg\rho_B)]$$
$$=\mathrm{Tr}(\rho_A\lg\rho_A)+\mathrm{Tr}(\rho_B\lg\rho_B) \qquad (3.47)$$

合并式(3.46)和(3.47),得到

$$-S(\rho_{AB})+S(\rho_A)+S(\rho_B)\geqslant0 \qquad (3.48)$$

证毕。

这里需要进行说明。在不同的教材当中,次可加性不等式,即式(3.45),也称为三角不等式。这被认为是衡量纠缠度的最重要的理想性质之一。

(4)最后,结合之前的所有性质,可以证明一个结果,这实际上是讨论局域测量对纠缠的影响。

如果 $p_i\geqslant0$,$\sum_i p_i=1$ 且 ρ_i 是密度矩阵,则

$$S\Big(\sum_i p_i\rho_i\Big)\geqslant\sum_i p_iS(\rho_i) \qquad (3.49)$$

证明:假设 ρ_i 是系统 A 的密度矩阵。引入一个辅助系统 B,其标准正交基为 $\{|i\rangle\}$,并定义 $\rho_{AB}=\sum_i p_i\rho_i\otimes|i\rangle\langle i|$。根据定义可以发现 $\rho_A=\sum_i p_i\rho_i$ 且 $\rho_B=\sum_i p_i|i\rangle\langle i|$,并且有 $S(\rho_A)=S\Big(\sum_i p_i\rho_i\Big)$ 和 $S(\rho_B)=H(\{\rho_i\})$。

将式(3.43)中的性质应用在这种情况下,得到 $S(\rho_{AB})=H(\{\rho_i\})+\sum_i p_iS(\rho_i)$。将式(3.45)中的三角不等式应用其中,最终得到

$$H(\{\rho_i\})+\sum_i p_iS(\rho_i)\leqslant S\Big(\sum_i p_i\rho_i\Big)+H(\{\rho_i\}) \qquad (3.50)$$

证毕。

可以发现,目前已证明在四种局域性操作情况当中有两种对纠缠无影响,即附加一个系统和实施一个局域幺正变换。现在开始研究局域测量的影响。

3.6.4　局域测量对纠缠的影响

再次假设 Alice 和 Bob 一开始共享纯态 $|\psi\rangle_{AB}$,Alice 对其持有的粒子进行测量。测量可能得到的结果用 k 和相应的正交投影算子 P_k^A 表示。换言之,P_k^A 是被测量的可观测量的谱投影算子。她得到结果 k 的概率为 $p_k={}_{AB}\langle\psi|P_k^A|\psi\rangle_{AB}$,检测到该结果之后,其量子态迅速坍缩为非归一化态 $P_k^A|\psi\rangle_{AB\,AB}\langle\psi|P_k^A$。

如果 Alice 没有将测量结果告知 Bob,则 Bob 的密度矩阵保持不变,因为超光速

通信是不成立的。所以，在这种情况下，Bob 的密度矩阵经过测量后就变成

$$\rho_B = \mathrm{Tr}_A \left\{ \sum_k p_k P_k^A |\psi\rangle_{ABAB} \langle\psi| P_k^A \cdot \frac{1}{{}_{AB}\langle\psi| P_k^A |\psi\rangle_{AB}} \right\}$$

$$= \mathrm{Tr}_A \left\{ \sum_k P_k^A |\psi\rangle_{ABAB} \langle\psi| P_k^A \right\} \tag{3.51}$$

很明显，$\mathrm{Tr}_A \left\{ \sum_k P_k^A |\psi\rangle_{ABAB} \langle\psi| P_k^A \right\} = \mathrm{Tr}_A \left\{ |\psi\rangle_{ABAB} \langle\psi| \right\} = \rho_B$，因此可以通过数学方法得出 Bob 的密度矩阵在测量后保持不变的结论。

如果 Alice 将测量结果告知 Bob，则 Bob 的密度矩阵就会发生改变，同时纠缠也发生改变，在某些情况下甚至会增加。但是，平均纠缠度始终是减少的。定义平均纠缠度 $E = \sum_k p_k E(|\psi^{(k)}\rangle_{AB})$，其中 $|\psi^{(k)}\rangle_{AB} = ({}_{AB}\langle\psi| P_k^A |\psi\rangle_{AB})^{-1/2} P_K |\psi\rangle_{AB}$，因为 Alice 和 Bob 以 p_k 的概率共享量子态 $|\psi^{(k)}\rangle_{AB}$。令 $\rho_B^{(k)} = \mathrm{Tr}_A \left\{ |\psi^{(k)}\rangle_{ABAB} \langle\psi^{(k)}| \right\}$，则 $\sum_k p_k E(|\psi^{(k)}\rangle_{AB}) = \sum_k p_k S(\rho_B^{(k)})$。根据式(3.51)，得到

$$\sum_k p_k \rho_B^{(k)} = \mathrm{Tr}_A \left\{ \sum_k p_k |\psi^{(k)}\rangle_{ABAB} \langle\psi^{(k)}| \right\} = \rho_B \tag{3.52}$$

且 $E(|\psi\rangle_{AB}) = S(\rho_B)$。最后，利用次可加性原理，$S(\rho_B) \geqslant \sum_k p_k S(\rho_B^{(k)})$，得到

$$E(|\psi\rangle_{AB}) \geqslant \sum_k p_k E(|\psi^{(k)}\rangle) \tag{3.53}$$

因此，局域测量只能降低 Alice 和 Bob 的平均共享纠缠度。

3.6.5　混合态纠缠

在研究最后一个操作，即丢弃部分系统之前，必须定义混合态纠缠的概念。因为，如果从一个纯态入手，并在求出其部分量子态信息后将其舍弃，最终一般会得到混合态。

解题基本思路如下。先从一个混合二分态 ρ_{AB} 入手，将其分解为纯态，$\rho_{AB} = \sum_k p_k |\psi^{(k)}\rangle_{ABAB} \langle\psi^{(k)}|$。Alice 和 Bob 想制备 n 对 ρ_{AB}。他们需要多少对单重态来实现这一目标？他们可以通过创造 $n p_k$ 对 $|\psi^{(k)}\rangle_{AB}$ 来实现，对于每个 k，结合所有的粒子，将消除与 k 相关的单重纠缠对信息。

为了获得 $n p_k$ 对 $|\psi^{(k)}\rangle_{AB}$，他们需要制备 $n p_k E(|\psi^{(k)}\rangle_{AB})$ 对单重态，因此，为了获得 n 对 ρ_{AB}，他们需要制备 $\sum_k n p_k E(|\psi^{(k)}\rangle_{AB})$ 对单重态。定义 ρ_{AB} 的纠缠度为

$$E(\rho_{AB}) = \sum_k E(|\psi^{(k)}\rangle_{AB}) \tag{3.54}$$

然而，这里出现了一个问题。ρ_{AB} 分解后的纯态不是唯一的。现在只关心获得 ρ_{AB} 所需单重态的最小值，因此可以定义 ρ_{AB} 的纠缠度

$$E(\rho_{AB}) = \inf \sum_k p_k E(\rho_{AB}) \tag{3.55}$$

其中,最小值(最大下限值)包括了 ρ_{AB} 所有可能的纯态分解。除了一些特殊情况,最小值一般很难求出。

3.6.6 局域性系统部分缺失对纠缠的影响

纠缠形成是一种衡量混合态纠缠度的方法,有了这个概念后可以将注意力转向另一个问题:局域性系统部分缺失对纠缠有何影响?

为了继续回答最后一个问题,假设 Alice 和 Bob 一开始共享纯态 $|\psi\rangle_{AA'B}$。Alice 现在丢弃系统 A',因此他们现在共享 $\rho_{AB} = \text{Tr}_{A'}(|\psi\rangle_{AA'B} \cdot {}_{AA'B}\langle\psi|)$。则有如下定理:

定理:复合系统的纠缠度不能通过局域性系统部分缺失增加,即

$$E(\rho_{AB}) \leqslant E(|\psi\rangle_{AA'B}) \tag{3.56}$$

证明:因为 $\rho_B = \text{Tr}_A(\rho_{AB}) = \text{Tr}_{AA'}(|\psi\rangle_{AA'B} \cdot {}_{AA'B}\langle\psi|)$ 且 $E(|\psi\rangle_{AA'B}) = S(\rho_B)$。为了计算 $E(\rho_{AB})$,将其分解为纯态。$\rho_{AB} = \sum_k p_k |\psi_k\rangle\langle\psi_k|$。则 $E(\rho_{AB}) \leqslant \sum_k p_k E(|\psi_k\rangle\langle\psi_k|) = \sum_k p_k S(\rho_{Bk})$,其中 $\rho_B = \text{Tr}_A(\rho_{AB}) = \sum_k p_k \rho_{Bk}$。且有 $\rho_B = \text{Tr}_A(\rho_{AB}) = \text{Tr}_k \rho_{Bk}$。最后得到

$$E(|\psi\rangle_{AA'B}) = S\left(\sum_k p_k \rho_{Bk}\right) \geqslant \sum_k p_k S(\rho_{Bk}) \geqslant E(\rho_{AB}) \tag{3.57}$$

改变符号方向,证毕。

本节中所有的操作都表明,如果 Alice 和 Bob 一开始共享一个纯态,他们就不能通过 LOCC 来增加共享纠缠度。该结果可以直接扩展到一开始共享混合态的情况。

3.6.7 束缚纠缠

应当指出,并非所有的纠缠态都可以进行蒸馏操作。即有一些纠缠态无法通过 LOCC 操作来复制单重态。该纠缠态称为束缚纠缠。可以证明如果一个二分态满足 PPT 判据,该量子态是束缚纠缠态。

先举一个关于束缚纠缠的例子。为了证明它是纠缠的,需要一个纠缠条件,称为判据范围。具体表述如下:如果一个在 Hilbert 空间 $\mathcal{H}_A \otimes \mathcal{H}_B$ 上的密度矩阵 ρ 是可分离的,则存在一个张量积矢集 $|\psi_{Ak}\rangle \otimes |\psi_{Bk}\rangle$,它扩展了 ρ 的范围,同时 $|\psi_{Ak}\rangle \otimes |\psi_{Bk}^*\rangle$ 扩展了 ρ^{T_B} 的范围,其中 $|\psi_{Bk}^*\rangle$ 是 $|\psi_{Bk}\rangle$ 的复共轭矢量,且复共轭操作是在同一个基底上作为部分转置进行的。

为了构建束缚纠缠态的模型,需要引入非延伸张量积基的概念。这是一个在

Hilbert 空间 $\mathcal{H}_A \otimes \mathcal{H}_B$ 上的正交张量积矢集,集合中的元素小于空间维度,这使得空间中存在与集合中的矢量不正交的张量积矢。这种情况可以通过两个三维量子比特表示为

$$|v_0\rangle = \frac{1}{\sqrt{2}}|0\rangle(|0\rangle - |1\rangle) \quad |v_2\rangle = \frac{1}{\sqrt{2}}|2\rangle(|1\rangle - |2\rangle)$$

$$|v_1\rangle = \frac{1}{\sqrt{2}}(|0\rangle - |1\rangle)|2\rangle \quad |v_3\rangle = \frac{1}{\sqrt{2}}(|1\rangle - |2\rangle)|0\rangle \tag{3.58}$$

$$|v_4\rangle = \frac{1}{3}(|0\rangle + |1\rangle + |2\rangle)(|0\rangle + |1\rangle + |2\rangle)$$

现在定义投影算子 $P = \sum\limits_{j=0}^{4} |v_j\rangle\langle v_j|$。则得到密度矩阵

$$\rho = \frac{1}{4}(I - P) \tag{3.59}$$

它是一个束缚纠缠态。首先,它的纠缠是基于标准范围。如果在 ρ 的范围内存在一个张量积矢,这意味着不可扩展的张量积基实际上可以扩展,这是不允许的。因此,根据标准误差,ρ 是不可分离的,因此它必须是纠缠的。下一步证明 ρ^{T_B} 是正的。在这种情况下,$\rho = \rho^{T_B}$,因此 ρ^{T_B} 必为正。所以,根据本节第一段的结论,ρ 是束缚纠缠的。

3.7　共生纠缠度

在双量子比特情况下,可以明确地求出一般量子态的纠缠形成。为了实现这一目的,必须引入一个称作共生纠缠度的物理量。然而,在定义一致性之前,首先要定义与纯二分态 $|\psi\rangle_{AB}$ 对应的波形态

$$|\tilde{\psi}\rangle_{AB} = (\sigma_y \otimes \sigma_y)|\psi^*\rangle \tag{3.60}$$

在该表达式中,$|\psi^*\rangle$ 是 $|\psi\rangle$ 在标准基中的复共轭,即如果 $|\psi\rangle = \sum\limits_{j,k=0}^{1} c_{jk}|j\rangle|k\rangle$,则 $|\psi^*\rangle = \sum\limits_{j,k=0}^{1} c_{jk}^*|j\rangle|k\rangle$。

$|\psi\rangle_{AB}$ 的共生纠缠度 $C(|\psi\rangle_{AB})$ 定义为

$$C(|\psi\rangle) = |\langle \psi | \tilde{\psi} \rangle| \tag{3.61}$$

为何该物理量与纠缠有关? 先看一下单量子态,$|\psi\rangle = \alpha|0\rangle + \beta|1\rangle$,其复共轭矢量为 $|\psi^*\rangle = \alpha^*|0\rangle + \beta^*|1\rangle$。根据 $\sigma_y|0\rangle = i|1\rangle$ 和 $\sigma_y|1\rangle = -i|0\rangle$,得到 $|\tilde{\psi}\rangle = \sigma_y|\psi^*\rangle = i(\alpha^*|0\rangle - \beta^*|1\rangle)$,从中得到

$$|\langle \psi | \tilde{\psi} \rangle| = 0 \tag{3.62}$$

它符合单量子态。现在考虑 $|\psi\rangle_{AB}$ 和 $|\tilde{\psi}\rangle_{AB}$ 的 Schmidt 分解。$|\psi\rangle_{AB} = \sum_{j=1}^{2} \sqrt{\lambda_j}\, |u_j\rangle_A$

$|v_j\rangle_B$ 且 $|\tilde{\psi}\rangle_{AB} = \sum_{j=1}^{2} \sqrt{\lambda_j}\, |\tilde{U}_j\rangle_A |\tilde{v}_j\rangle_B$。鉴于单量子态的正交性,即式(3.62),有

$|\tilde{U}_1\rangle \propto |u_2\rangle$ 且 $|\tilde{U}_2\rangle \propto |u_1\rangle$,因此 $\langle \psi | \tilde{\psi} \rangle = \sqrt{\lambda_1 \lambda_2}\, (\langle u_1 | \tilde{U}_2 \rangle \langle v_1 | \tilde{v}_2 \rangle + \langle u_2$

$|\tilde{U}_1\rangle \langle v_2 | \tilde{v}_1 \rangle)$。令 $|u_1\rangle = \alpha|0\rangle + \beta|1\rangle$,$|u_2\rangle = e^{i\varphi_A}(\beta^*|0\rangle - \alpha^*|1\rangle)$,得到 $\langle v_1 | \tilde{v}_2 \rangle =$

$i\, e^{-i\varphi_B}$ 且 $\langle v_2 | \tilde{v}_1 \rangle = -i\, e^{-i\varphi_B}$,因此所有相关的内积都是简单的相位因子。使得 $\langle \psi |$

$\tilde{\psi}\rangle = \sqrt{\lambda_1 \lambda_2}\, (-2\, e^{-i(\varphi_A + \varphi_B)})$,最终求出共生纠缠度

$$C(|\psi\rangle) = 2\sqrt{\lambda_1 \lambda_2} \tag{3.63}$$

其中 $\lambda_1 + \lambda_2 = 1$。当 $\lambda_1 = \lambda_2 = \dfrac{1}{2}$ 时量子态是最大纠缠的,最大值 $C = 1$。另一方面,对

于张量积态,$\lambda_1 = 0$ 或者 $\lambda_2 = 0$ 时 $C = 0$,因此 C 是一个关于纠缠的单调递增函数。

$|\psi\rangle_{AB}$ 的纠缠可以表示为 C 的函数

$$E(|\psi\rangle_{AB}) = \boldsymbol{\varepsilon}(C(|\psi\rangle_{AB})) \tag{3.64}$$

其中

$$\boldsymbol{\varepsilon}(C) = h\left(\frac{1 + \sqrt{1 - C^2}}{2}\right) \tag{3.65}$$

且

$$h(x) = -x\log x - (1-x)\log(1-x) \tag{3.66}$$

是概率分布为 $\{x, 1-x\}$ 的信息熵。

最后,研究下混合态。假设 $\rho = \sum_k p_k |\psi_k\rangle\langle\psi_k|$,则

$$C(\rho) = \inf \sum_k p_k C(|\psi_k\rangle) \tag{3.67}$$

其中最小值包含了 ρ 可能的所有纯态分解。函数 $\boldsymbol{\varepsilon}(C)$ 是单调递增的,因此

$$\boldsymbol{\varepsilon}(C(\rho)) = \inf \boldsymbol{\varepsilon}\left(\sum_k p_k C(|\psi_k\rangle)\right) \tag{3.68}$$

且为凸函数,所以

$$\inf \boldsymbol{\varepsilon}\left(\sum_k p_k C(|\psi_k\rangle)\right) \leqslant \inf \sum_k p_k \boldsymbol{\varepsilon}(C(|\psi_k\rangle)) = E(\rho) \tag{3.69}$$

从中可以得到

$$\boldsymbol{\varepsilon}(C(\rho)) \leqslant E(\rho) \tag{3.70}$$

为了给此章作结尾,再列举两个共生纠缠度性质,但不作证明[W Wooters,PRL 80,2245(1998)]:

1.最后一个不等式实际上可以表示为等式。

2.存在一个明显的关于 $C(\rho)$ 的公式。先定义 ρ^* 作为 ρ 在标准基中的负共轭,且 $\tilde{\rho}=(\sigma_y\otimes\sigma_y)\rho^*(\sigma_y\otimes\sigma_y)$。当 $i=1,\cdots,4$ 时定义 λ_i 为本征值 $\rho\tilde{\rho}$ 的平方根,按照递减顺序排列。得到

$$C(\rho)=\max\{0,\lambda_1-\lambda_2-\lambda_3-\lambda_4\} \tag{3.71}$$

3.8   问题

1.Wigner 不等式是另一种不等式,它满足局域隐变量理论,同时违背量子力学原理。为了推导该不等式,考虑以下情况。一个粒子源分别向 Alice 和 Bob 发送一个粒子。Alice 从三个可观测量 $a_j,j=1,2,3$ 中挑选一个对接收粒子进行测量,同时 Bob 从三个可观测量 $b_j,j=1,2,3$ 中挑选一个对接收到的粒子进行测量。每一个可观测量的值为 1 或者 -1。粒子源具有如下性质:每当 Alice 和 Bob 测量相对应的可观测值时,即 j 的取值相同,则测量结果不相关。举例而言,如果 Alice 测量 a_1 且 Bob 测量 b_1,则他们永远得不到一致的结果,但是如果 Alice 测量 a_1 且 Bob 测量 b_2,他们会得到一个随机结果。令 $p(a_j=m,b_k=n)$ 为 Alice 测量 a_j 且 Bob 测量 b_k 时的概率。Alice 得到 m 且 Bob 得到 n。Wigner 不等式表明,如果粒子源可以用局域隐变量表述,则

$$p(a_1=1,b_2=1)+p(a_2=1,b_3=1)\geqslant p(a_1=1,b_3=1)$$

证明这一结论。

(1)如果粒子源可以通过一个局域隐变量表述,则它可以通过一个联合概率分布 $P(a_1,a_2,a_3;b_1,b_2,b_3)$ 表述。根据粒子源的约束条件,即对应可观测量的测量值必须是非相关的,可以得到

$$P(a_1,a_2,a_3;b_1,b_2,b_3)=0$$

除非 $a_j=-b_j,j=1,2,3$。

(2)利用(1)中的结果证明 Wigner 不等式。

(3)现在要证明量子力学理论可以同时满足约束条件和违背不等式的条件。选择

$$a_1=\frac{1}{2}\sigma_z+\frac{\sqrt{3}}{2}\sigma_x \quad a_2=\sigma_z \quad a_3=\frac{1}{2}\sigma_z-\frac{\sqrt{3}}{2}\sigma_x$$

对 b_j 情况类似。这里 $\sigma_x|0\rangle=|1\rangle$ 且 $\sigma_x|1\rangle=|0\rangle$。粒子源产生的单重态

$$|\Phi_-\rangle = \frac{1}{\sqrt{2}}(|0\rangle|1\rangle - |1\rangle|0\rangle)$$

并分别发送给 Alice 和 Bob。可观测量和粒子源均满足约束条件。证明它们不满足 Wigner 不等式。

2．隐态传输不仅适用于量子比特，它还适用于任意维量子系统。假设隐态传输一个 N 维量子态。令 $\{|j\rangle | j = 0, \cdots, N-1\}$ 为一个 N 维正交空间中的标准正交基，同时定义关于两个 N 维量子系统的量子态

$$|\chi_{n,m}\rangle = \frac{1}{\sqrt{N}} \sum_{j=0}^{N-1} e^{2\pi ijn/N} |j\rangle|j+m(\mathrm{mod}N)\rangle$$

这将取代 Bell 不等式并产生四个更一般化的隐态传输过程。

(1)证明 $\langle\chi_{n,m}|\chi_{n',m'}\rangle = \delta_{n,n'}\delta_{m,m'}$。

(2)选择量子态 $|\varphi\rangle_{A'}|\chi_{0,0}\rangle_{AB}$，其中

$$|\varphi\rangle = \sum_{j=0}^{N-1} \alpha_j |j\rangle$$

是用于隐态传输的量子态。证明用基 $|\chi_{n,m}\rangle$ 测量粒子 $A'A$，并根据测量结果在粒子 B 上进行适当的幺正变换，可以将量子态 $|\varphi\rangle$ 传输到粒子 B 上。

3．根据 A Sanpera 和 C Macchiavello 的研究结果，需要考虑纠缠浓缩程序中的某一步骤。选择两对粒子，其中每对都由混合的量子 Bell 态构成，有

$$\rho = p|\Psi_+\rangle\langle\Psi_+| + (1-p)|\Psi_-\rangle\langle\Psi_-|$$

其中 $p > 1/2$ 且 $|\Psi_\pm\rangle = (|00\rangle \pm |11\rangle)/\sqrt{2}$。称这两个纠缠对为 AB 和 $A'B'$，其中 Alice 持有粒子 A 和 A'，Bob 持有粒子 B 和 B'。Alice 对每个粒子进行 $\exp(\mathrm{i}\pi\sigma_x/4)$ 相位变换，Bob 对每个粒子进行 $\exp(-\mathrm{i}\pi\sigma_x/4)$ 相位变换。Alice 将自己的两个粒子都发送至一个受控非门，其中 A 是控制比特且 A' 是目标比特，并且 Bob 将他的两个粒子都发送至一个受控非门，其中 B 是控制比特且 B' 是目标比特。Alice 和 Bob 用基 $\{|0\rangle, |1\rangle\}$ 测量粒子 A' 和 B'，如果测量结果一致则保留纠缠对 AB。证明如果他们的测量结果一致，则 Bell 态 $|\Psi_+\rangle$ 的比重将在纠缠对 AB 中增加，因此纠缠对的纠缠度增加。

4．考虑如下的一个双量子密度矩阵

$$\rho_{AB} = p|\Phi_-\rangle_{AB\,AB}\langle\Phi_-| + \frac{1-p}{4} I$$

其中，$|\Phi_-\rangle_{AB} = (|0\rangle_A|1\rangle_B - |1\rangle_A|0\rangle_B)/\sqrt{2}$。

(1)利用部分转置正定条件求出当该密度矩阵纠缠时 p 的值。

(2)求出该密度矩阵的共生纠缠度量关于 p 的函数。

5.一个一般的二重态可以写成标准基形式,如 $|\psi\rangle_{AB} = a_{00}|00\rangle + a_{01}|01\rangle + a_{10}|10\rangle + a_{11}|11\rangle$。系数可以通过如下方式重组成一个矩阵

$$A = \begin{bmatrix} a_{00} & a_{01} \\ a_{10} & a_{11} \end{bmatrix}$$

证明 $C(|\psi\rangle_{AB}) = 2|\det A|$,其中,$\det A$ 是矩阵 A 的行列式,$|\cdots|$ 是绝对值。

6.考虑一个双量子态

$$\rho = p|\psi\rangle\langle\psi| + \frac{1-p}{4}I$$

其中 $|\psi\rangle = a|01\rangle + b|10\rangle$。根据部分转置条件,求出 ρ 的部分转置有负本征值时对应 p 的值。对于该范围内的 p,利用与负本征值对应的本征矢来构造 ρ 的纠缠证据算子。将此纠缠证据算子表示成在标准基底表象下的 4×4 矩阵。

7.定义一个双模式态 $(1/\sqrt{2})(a_1^\dagger + a_2^\dagger)|0\rangle$。并考虑一个混合态

$$\rho = p|\psi_{01}\rangle\langle\psi_{01}| + \frac{1-p}{4}P_{01}$$

其中 $0 \leq p \leq 1$ 且 P_{01} 是由矢量集 $\{|0\rangle_1|0\rangle_2, |0\rangle_1|1\rangle_1, |1\rangle_1|0\rangle_1, |1\rangle_1|1\rangle_2\}$ 扩张成的空间投影算子。通过纠缠条件

$$|\langle a_1 a_2^\dagger\rangle|^2 > \langle a_1^\dagger a_1 a_2^\dagger a_2\rangle$$

求出当 ρ 绝对纠缠时对应 p 的范围。

参考文献

[1] M. Hillery, B. Yurke, Bell's theorem and beyond. Quantum Semiclassical Opt. 7, 215(1995)

[2] C.H. Bennett, G. Brassard, C. Crepeau, R. Jozsa, A. Peres, W. Wootters, Teleporting anunknown quantum state via dual classical and EPR channels. Phys. Rev. Lett. 70, 1895(1993)

[3] C. H. Bennett, S. J. Wiesner, Communication via one-and two-particle operators on Einstein-Podolsky-Rosen states. Phys. Rev. Lett. 69, 2881(1992)

[4] C.H. Bennett, D.P. DiVincenzo, J.A. Smolin, W.K. Wootters, Mixed-state entanglement and quantum error correction. Phys. Rev. A 54, 3824(1996)

[5] C.H. Bennett, H.J. Bernstein, S. Popescu, B. Schumacher, Concentrating partial entanglementby local operations. Phys. Rev. A 53, 2046(1996)

[6] R. Simon, Peres-Horodecki separability criterion for continuous variable

states. Phys. Rev.Lett. 84，2726(2000)

[7] L.-M Duan，G. Giedke，J.I. Cirac，P. Zoller，Inseparability criterion for continuous variable systems. Phys. Rev. Lett. 84，2722(2000)

[8] M. Hillery，M. S. Zubairy，Entanglement conditions for two-mode states. Phys. Rev. Lett. 96，050503(2006)

[9] W.K.Wootters，Entanglement of formation of an arbitrary state of two qubits. Phys. Rev. Lett.80，2245(1998)

[10] R. Horodecki，P. Horodecki，M. Horodecki，K. Horodecki，Quantum entanglement. Rev. Mod.Phys. 81，865(2009)

[11] O. Gühne，G. Toth，Entanglement detection. Physics Reports 474，1(2009)

第 4 章　广义量子动力学

在量子力学教材中,通常用幺正映射 $|\psi\rangle \rightarrow U|\psi\rangle$ 或 $\rho = U\rho U^{\dagger}$ 表示时间演化,其中 $U = e^{-itH}$。这并不是最一般的演化形式。可以通过一个幺正变换实现一个系统与另一个系统的关联,一般会在两个系统之间产生一个纠缠对,并求出第二个系统的量子态。从原系统演化后的系统是非幺正化的,通常,演化后的系统可以用一个幺正量子映射表示。

4.1　量子映射与超算子

4.1.1　量子映射及其 Kraus 表示

这里,引入一个幺正映射 $|\psi\rangle_A \otimes |\psi\rangle_B \rightarrow U_{AB}(|\psi\rangle_A \otimes |\psi\rangle_B)$,其中 $|\psi\rangle_A \otimes |\psi\rangle_B \in \mathcal{H}_A \otimes \mathcal{H}_B$。对幺正映射进行单位算子 $I_A \otimes I_B$ 变换,其中 $I_B = \sum_m |m\rangle_{BB}\langle m|$,且 $\{|m\rangle_B\}$ 是 $\mathcal{H}_B$ 中的标准正交基,得到

$$U_{AB}(|\psi\rangle_A \otimes |\psi\rangle_B) = I_A \otimes \sum_m |m\rangle_{BB}\langle m|U_{AB}(|\psi\rangle_A \otimes |\psi\rangle_B) \tag{4.1}$$

式子右边可以缩写为

$$_B\langle m|U_{AB}(|\psi\rangle_A \otimes |\psi\rangle_B) \in \mathcal{H}_A \equiv A_m|\psi\rangle_A \tag{4.2}$$

它定义了算子 A_m。对于 A_m,式(4.1)可以写成

$$U_{AB}(|\psi\rangle_A \otimes |\psi\rangle_B) = \sum_m A_m|\psi\rangle_A \otimes |m\rangle_B \tag{4.3}$$

其中,$\sum_m A_m^{\dagger}A_m = I_A$ 可以根据定义得到。因此得到如下映射:

$$\rho_A = |\psi\rangle_{AA}\langle\psi|$$
$$\rightarrow \mathrm{Tr}_B\{\sum_m \sum_{m'} A_m|\psi\rangle_A \otimes |m\rangle_{BB}\langle m'| \otimes {}_A\langle\psi|A_{m'}^{\dagger}\} \tag{4.4}$$
$$= \sum_m A_m\rho A_m^{\dagger}$$

该式定义了和算子或量子映射 T 的 Kraus 表示(又称超算子 T)的概念,即

$$T(\rho) = \sum_m A_m \rho A_m^\dagger \tag{4.5}$$

4.1.2 节将系统研究量子映射中的一些重要性质。

4.1.2 量子映射的性质

注意到 T 有一些重要且有用的性质。

1.Hermitian 算子在 T 映射后还是 Hermitian 算子。

2.T 是保迹的。

3.正算子在 T 映射后还是正算子。

这些性质可以直接从 T 的定义中得到。

定义量子映射及其 Kraus 表示为幺正映射的一部分,当求出部分系统后,它们被定义在一个大 Hilbert 空间中。其逆变换同样成立。给定一个 Kraus 表示,它可以求出一个更大的 Hilbert 空间,$\mathcal{H}_A \otimes \mathcal{H}_B$,一个矢量 $|\varphi\rangle_B \in \mathcal{H}_B$,以及一个幺正算子 U_{AB} 如

$$A_m |\psi\rangle_A = {}_B\langle m | U_{AB}(|\psi\rangle_A \otimes |\varphi\rangle_B) \tag{4.6}$$

现在证明该式。令 $\mathcal{H}_A$ 维度为 N,$\mathcal{H}_B$ 维度为 M。之后定义 $\{|m\rangle_B\}$ 是 $\mathcal{H}_B$ 中的一个标准正交基,$|\varphi\rangle_B$ 是 $\mathcal{H}_B$ 当中任意的一个量子态。现在,定义一个变换 U_{AB}

$$U_{AB}(|\psi\rangle_A \otimes |\varphi\rangle_B) = \sum_m A_m |\psi\rangle_A \otimes |m\rangle_B \tag{4.7}$$

它和式(4.6)相对应。U_{AB} 是保内积的,得到

$$\left(\sum_{m'} {}_A\langle \psi' | \otimes {}_B\langle m' | A_{m'}^\dagger \right)\left(\sum_m A_m |\psi\rangle_A \otimes | m\rangle_B \right) = \sum_m {}_A\langle \psi' | A_m^\dagger A_m |\psi\rangle_A$$
$$= {}_A\langle \psi' | \psi\rangle_A \tag{4.8}$$

因此,它在 $|\varphi\rangle_B$ 扩张成的一维子空间上具有幺正性,并且可以扩展到在 $\mathcal{H}_A \otimes \mathcal{H}_B$ 上的全幺正算子,举个例子,在子空间中,它和 $|\varphi\rangle_B$ 正交,并且可以是单位矩阵。

超算子的 Kraus 表示不是唯一的。令 $\{|m'_B\rangle\}$ 是在 $\mathcal{H}_B$ 中另一表象下的标准正交基,且

$$B_{m'} = \langle m'_B | U_{AB}(|\psi\rangle_A \otimes |\varphi_B\rangle) \tag{4.9}$$

可以得到

$$T(\rho_A) = \sum_{m'} B_{m'} \rho_A B_{m'}^\dagger \tag{4.10}$$

如果 $|m'_B\rangle = \sum_m U_{m'm} |m_B\rangle$,则 $\langle m'_B| = \sum_m U_{mm'}^\dagger \langle m_B|$,就有 $B_{m'} = \sum_m U_{mm'}^\dagger A_m$,即证明任意两个不同的 Kraus 表示可以通过上式表示成同一个超算子。

首先,要证明超算子满足条件 1~3 时有 Kraus 表示。实际上,可以将条件 3 替

换成适用性更强的条件：

$3'. T$ 是全正定的。

其含义如下。已知有界算子在 T 映射后依然是有界算子，即 T 可表示为：$\mathcal{H}_A$ 上的有界算子→$\mathcal{H}_A$ 上的有界算子。现在在 $\mathcal{H}_A$ 上增加一个辅助空间 $\mathcal{H}_B$，并将 T 和一个有界算子扩展到更大的空间当中，因此，它是有界算子的集合 $\mathcal{B}(\mathcal{H}_A \otimes \mathcal{H}_B)$，映射过程为 $T \rightarrow T \otimes I_B$。如果对于任意 $\mathcal{H}_B$，$T \otimes I_B$ 为正，则 T 是全正的。

从物理学角度来说，该定义解释如下。T 描述系统 A 的演化过程，系统 B 没有参与其中。如果 $\rho_A \otimes \rho_B \rightarrow T(\rho_A) \otimes \rho_B$ 对于任意的 ρ_A 和 ρ_B 而言都是密度矩阵，T 是全正定的。存在一个例子，其映射只是部分正定的，即转置。但它保留了本征值，因此它是正定的。另一方面，$(\rho)_A^T \otimes I_B$ 只是部分转置，并已知部分转置不是正定的。

现在，要证明超算子在满足条件 1～3′时具有 Kraus 表示。在此之前，先声明在接下来的证明过程中将用到如下方法。令 A 是 $\mathcal{H}_A$ 当中的一个算子，且 $\dim \mathcal{H}_A = N$。假设 $\dim \mathcal{H}_B \geqslant N$，令 $\{|j_A\rangle\}$ 和 $\{|j_B\rangle\}$ 分别为 $\mathcal{H}_A$ 和 $\mathcal{H}_B$ 中对应的标准正交基。考虑如下量子态

$$|\psi_{AB}\rangle = \sum_{j=1}^{N} \frac{1}{\sqrt{N}} |j_A\rangle \otimes |j_B\rangle \tag{4.11}$$

如果 $|\varphi_A\rangle \in \mathcal{H}_A$，可以用一个向量 $|\varphi_B^*\rangle \in \mathcal{H}_B$ 与 $|\psi_{AB}\rangle$ 作内积将其表示为"部分内积"，这里 $|\varphi_A\rangle = \sum_{j=1}^{N} c_j |j_A\rangle$，且 $|\varphi_B^*\rangle = \sum_{j=1}^{N} c_j^* |j_B\rangle$。于是

$$\langle \varphi_B^* | \psi_{AB}\rangle = (\sum_{j=1}^{N} c_j \langle j_B|) \sum_{j'=1}^{N} \frac{1}{\sqrt{N}} |j'_A\rangle \otimes |j'_B\rangle = \frac{1}{\sqrt{N}} |\varphi_A\rangle \tag{4.12}$$

其映射 $|\varphi_A\rangle \rightarrow |\varphi_B^*\rangle$ 是反线性的，且模长不变，可近似以计算出 $A \otimes I_B$ 在 $|\psi_{AB}\rangle$ 上的作用结果

$$\langle \varphi_B^* | (A \otimes I_B) | \psi_{AB}\rangle = (\sum_{j=1}^{N} c_j \langle j_B|) \sum_{j'=1}^{N} \frac{1}{\sqrt{N}} A |j'_A\rangle \otimes |j'_B\rangle$$

$$= \frac{1}{\sqrt{N}} A (\sum_{j=1}^{N} c_j |j_A\rangle) = \frac{1}{\sqrt{N}} A |\varphi_A\rangle \tag{4.13}$$

现在根据此方法可继续进行证明。假设 T 是一个超算子，且满足条件 1,2 和 $3'$。T 作用在 $\mathcal{B}(\mathcal{H}_A)$ 上。$T \otimes I_B$ 作用在 $\mathcal{B}(\mathcal{H}_A) \otimes \mathcal{B}(\mathcal{H}_B)$ 上且为正。这意味着如果 $\rho_{AB} = |\psi_{AB}\rangle\langle\psi_{AB}|$ 且

$$\rho'_{AB} = (T \otimes I_B)\rho_{AB} \tag{4.14}$$

则 ρ'_{AB} 同样是密度矩阵。它可以扩展为纯态 $\rho'_{AB} = \sum_\mu q_\mu |\varphi_{AB,\mu}\rangle\langle\varphi_{AB,\mu}|$ 的集合。通过与式(4.12)和式(4.13)完全相同的推导过程，可以得到

$$T(|\varphi_A\rangle\langle\varphi_A|) = N\langle\varphi_B^*|(T\otimes I_B)(\rho_{AB})|\varphi_B^*\rangle$$

$$= N\sum_\mu q_\mu\langle\varphi_B^*|\varphi_{AB,\mu}\rangle\langle\varphi_{AB,\mu}|\varphi_B^*\rangle \tag{4.15}$$

现在定义 $A_\mu: |\varphi_A\rangle \rightarrow \sqrt{N q_\mu}\langle\varphi_B^*|\varphi_{AB,\mu}\rangle$。$A_\mu$ 是在 $\mathcal{H}_A$ 上的一个线性算子,得到

$$T(|\varphi_A\rangle\langle\varphi_A|) = \sum_\mu A_\mu|\varphi_A\rangle\langle\varphi_A|A_\mu^\dagger \tag{4.16}$$

因此,可以对任意密度矩阵 ρ_A 扩展,得到

$$T(\rho_A) = \sum_\mu A_\mu\rho_A A_\mu^\dagger \tag{4.17}$$

因为 T 对于任意的 ρ_A 而言都是保迹的,所以根据 $\sum_\mu A_\mu^\dagger A_\mu = I$,有 $\sum_\mu \mathrm{Tr}$ $(\rho_A A_\mu^\dagger A_\mu) = 1$。

实际上需要证明对于任意的 $\mathcal{M}_A \in \mathcal{B}(\mathcal{H}_A)$ 都有

$$T(\mathcal{M}_A) = \sum_\mu A_\mu\mathcal{M}_A A_\mu^\dagger \tag{4.18}$$

只要证明上式对于 $\mathcal{B}(\mathcal{H}_A)$ 中的某一组基底下成立即可。此类基算子是通过 $\{(|j_A\rangle$ $\langle k_A|)|j,k=1,\cdots,N\}$ 得到的。上式对于任意 $\mathcal{M}_A = \sum_n c_n|\varphi_{A,n}\rangle\langle\varphi_{A,n}|$ 类型的算子都是恒成立的。定义

$$|\varphi_{A,1}\rangle = \frac{1}{\sqrt{2}}(|j_A\rangle+|k_A\rangle) \quad |\varphi_{A,3}\rangle = \frac{1}{\sqrt{2}}(|j_A\rangle+i|k_A\rangle)$$

$$|\varphi_{A,2}\rangle = \frac{1}{\sqrt{2}}(|j_A\rangle-|k_A\rangle) \quad |\varphi_{A,4}\rangle = \frac{1}{\sqrt{2}}(|j_A\rangle-i|k_A\rangle) \tag{4.19}$$

发现

$$|j_A\rangle\langle k_A| = \frac{1}{2}(|\varphi_{A,1}\rangle\langle\varphi_{A,1}|-|\varphi_{A,2}\rangle\langle\varphi_{A,2}|)+\frac{i}{2}(|\varphi_{A,3}\rangle\langle\varphi_{A,3}|-|\varphi_{A,4}\rangle\langle\varphi_{A,4}|)$$

$$\tag{4.20}$$

从上式直接得到

$$T(|j_A\rangle\langle k_A|) = \sum_\mu A_\mu|j_A\rangle\langle k_A|A_\mu^\dagger \tag{4.21}$$

证毕。

现在要通过构建算子 A_μ 来描述一些性质。

4.1.3　Kraus 算子的性质

第一个问题:需要多少 Kraus 算子? 式(4.14)中的映射将 $\mathcal{H}_A\otimes\mathcal{H}_B$,其中 $\mathcal{H}_B=$ $\mathrm{span}\{|j_B\rangle\}$,映射到本身,其空间维度为 N^2。在 ρ_{AB}' 的空间中对 ρ_{AB}' 进行对角化操作后最多得到 N^2 个矢量。因此,在一个空间当中最多存在 N^2 个 Kraus 算子。

接下来就是解决关于 Kraus 唯一性表示问题。已证明 Kraus 表示不是唯一的,

因为 ρ'_{AB} 的分解也不是唯一的。现在要研究同一个超算子当中不同 Kraus 表示之间的关联程度。解决方法就是证明每个 Kraus 表示都和 ρ'_{AB} 对应的一个分解有关，并将该理论应用到密度矩阵的不同分解当中。

如果对于任意的 $\mathcal{M}_A \in \mathcal{B}(\mathcal{H}_A)$ 都有

$$T(\mathcal{M}_A) = \sum_\mu A_\mu \mathcal{M}_A A_\mu^\dagger, \tag{4.22}$$

则

$$(T \otimes I_B)(|\psi_{AB}\rangle\langle\psi_{AB}|) = (T \otimes I_B)\left(\frac{1}{N}\sum_{j,j'=1}^N |j_A\rangle \otimes |j_B\rangle\langle j'_A| \otimes \langle j'_B|\right)$$

$$= \frac{1}{N}\sum_\mu \sum_{j,j'} A_\mu |j_A\rangle \otimes |j_B\rangle\langle j'_A| A_\mu^\dagger \otimes \langle j'_B| \tag{4.23}$$

定义 $\sqrt{q_\mu}|\varphi_{AB,\mu}\rangle = \dfrac{1}{\sqrt{N}}\sum_j A_\mu|j_A\rangle \otimes |j_B\rangle$，且 $||\varphi_{AB,\mu}|| = 1$，于是有

$$\rho'_{AB} = \sum_\mu q_\mu |\varphi_{AB,\mu}\rangle\langle\varphi_{AB,\mu}| \tag{4.24}$$

现在假设 T 有两个不同的 Kraus 表示，$T(\mathcal{M}_A) = \sum_\mu A_\mu \mathcal{M}_A A_\mu^\dagger$，且 $T(\mathcal{M}_A) = \sum_\mu D_\mu \mathcal{M}_A D_\mu^\dagger$。这些都提供了一个密度矩阵 ρ'_{AB} 的分解，$\rho'_{AB} = \sum_\mu q_\mu |\varphi_{AB,\mu}\rangle\langle\varphi_{AB,\mu}| = \sum_v q'_v |\varphi'_{AB,v}\rangle\langle\varphi'_{AB,v}|$，且 $\sqrt{q_\mu}|\varphi_{AB,\mu}\rangle = \dfrac{1}{\sqrt{N}}\sum_j A_\mu|j_A\rangle \otimes |j_B\rangle$，$\sqrt{q'_v}|\varphi'_{AB,v}\rangle = \dfrac{1}{\sqrt{N}}\sum_j D_\mu|j_A\rangle \otimes |j_B\rangle$。

已知存在一个幺正矩阵 $U_{v\mu}$ 使得

$$\sqrt{q'_v}|\varphi'_{AB,v}\rangle = \sum_\mu U_{v\mu}\sqrt{q_\mu}|\varphi_{AB,\mu}\rangle \tag{4.25}$$

或者

$$\sum_j D_v|j_A\rangle \otimes |j_B\rangle = \sum_\mu \sum_j U_{v\mu} A_\mu|j_A\rangle \otimes |j_B\rangle \tag{4.26}$$

可以从中得到

$$D_v|j_A\rangle = \sum_\mu U_{v\mu} A_\mu|j_A\rangle \tag{4.27}$$

但是 $\{|j_A\rangle\}$ 是某另一表象下的基，所以最后得到

$$D_v = \sum_\mu U_{v\mu} A_\mu \tag{4.28}$$

可以从中得出结论，在同一个超算子当中，任意两个不同的 Kraus 表示可以通过一个幺正矩阵相关联。

4.2　实例:消偏振信道

现在研究一个在量子比特上进行超算子操作的实例,即消偏振信道。量子信道通常是一个量子映射,即将密度矩阵映射成另一个密度矩阵。消偏振信道的原理是,一个量子比特以$(1-p)$的概率保持原状态,以$\frac{p}{3}$的概率进行σ_x变换(比特翻转),以$\frac{p}{3}$的概率进行σ_z变换(相位翻转),以$\frac{p}{3}$的概率进行σ_y变换(相位、比特翻转)。构建该信道的方法是将量子比特 Hilbert 空间和一个四维"环境"Hilbert 空间做张量积操作$\mathcal{H}_A \otimes \mathcal{H}_E$。在一个张量积 Hilbert 空间里做一个幺正操作

$$U_{AE}|\psi_A\rangle \otimes |0_E\rangle = \sqrt{1-p}\,|\psi_A\rangle \otimes |0_E\rangle + \sqrt{\frac{p}{3}}\,(\sigma_x|\psi_A\rangle \otimes |1_E\rangle + \tag{4.29}$$
$$\sigma_y|\psi_A\rangle \otimes |2_E\rangle + \sigma_z|\psi_A\rangle \otimes |3_E\rangle)$$

求出环境空间密度矩阵后,得到

$$T(|\psi_A\rangle\langle\psi_A|) = \mathrm{Tr}_E(U_{AE}|\psi_A\rangle \otimes |0_E\rangle\langle\psi_A| \otimes \langle 0_E|U_{AE}^{-1})$$

$$= (1-p)|\psi_A\rangle\langle\psi_A| + \frac{p}{3}\sigma_x|\psi_A\rangle\langle\psi_A|\sigma_x + \tag{4.30}$$

$$\frac{p}{3}\sigma_y|\psi_A\rangle\langle\psi_A|\sigma_y + \frac{p}{3}\sigma_z|\psi_A\rangle\langle\psi_A|\sigma_z$$

这里可以得到 Kraus 算子:$A_0 = \sqrt{1-p}\,I$,$A_1 = \sqrt{\frac{p}{3}}\,\sigma_x$,$A_2 = \sqrt{\frac{p}{3}}\,\sigma_y$,$A_2 = \sqrt{\frac{p}{3}}\,\sigma_z$。

容易发现 $\sum_{\mu=0}^{3} A_\mu^\dagger A_\mu = I$,即直接体现算子$U_{AE}$的幺正性。

在此映射下,矢量在 Bloch 球的变化同样有趣。令

$$\rho = \frac{1}{2}(I + \boldsymbol{n} \cdot \boldsymbol{\sigma}) \tag{4.31}$$

并通过

$$\sigma_j \sigma_k \sigma_j = \begin{cases} -\sigma_k & k \neq j \\ \sigma_j & j = k \end{cases} \tag{4.32}$$

于是

$$T(\sigma_x) = (1-p)\sigma_x + \frac{p}{3}\sigma_x - \frac{2p}{3}\sigma_x = \left(1 - \frac{4p}{3}\right)\sigma_x \tag{4.33}$$

同样地,$T(\sigma_y) = (1 - \frac{4p}{3})\sigma_y$,$T(\sigma_z) = (1 - \frac{4p}{3})\sigma_z$。最后得到

$$T(\sigma) = \frac{1}{2}(I + \boldsymbol{n}' \cdot \sigma) \tag{4.34}$$

其中 $\boldsymbol{n}' = (1 - \frac{4p}{3})\boldsymbol{n}$。

这表明代表消偏振信道的量子映射使得整个 Bloch 球上的矢量较原先相比缩减了 $|1 - (4p/3)|$。

4.3 不存在的映射

4.3.1 克隆映射与不可克隆原理

有必要了解一些不存在的映射。其中之一便是"克隆"映射,它能够复制量子态。假设存在能够复制量子态的设备。对于该设备,一个一般的输出形式通常为 $|\psi_a\rangle \otimes |0_b\rangle \otimes |Q_c\rangle$,其中 $|\psi_a\rangle$ 是待复制的量子比特 a 的量子态,$|0_b\rangle$ 是复制后的量子比特 b 的一个初始态,不包含任何信息,$|Q_c\rangle$ 是附加态,可以看作是复制设备的初始态。现在需要幺正映射

$$U(|\psi_a\rangle \otimes |0_b\rangle \otimes |Q_c\rangle) = |\psi_a\rangle \otimes |0_b\rangle \otimes |Q_{\psi,c}\rangle \tag{4.35}$$

因为复制设备必须能够对任意量子态进行复制,所以,特别要注意的是,它必须能复制基态

$$U(|0_a\rangle \otimes |0_b\rangle \otimes |Q_c\rangle) = |0_a\rangle \otimes |0_b\rangle \otimes |Q_{0,c}\rangle$$
$$U(|1_a\rangle \otimes |0_b\rangle \otimes |Q_c\rangle) = |1_a\rangle \otimes |1_b\rangle \otimes |Q_{1,c}\rangle \tag{4.36}$$

这些关系决定了复制一个一般的量子态的过程。如果 $|\psi\rangle = \alpha|0\rangle + \beta|0\rangle$,则第一个等式乘以 α,第二个等式乘以 β,合并得到

$$U(|\psi_a\rangle \otimes |0_b\rangle \otimes |Q_c\rangle) = \alpha|0_a\rangle \otimes |0_b\rangle \otimes |Q_{0,c}\rangle +$$
$$\beta|1_a\rangle \otimes |1_b\rangle \otimes |Q_{1,c}\rangle \tag{4.37}$$

这与式(4.35)中的表示方式不同。这就是著名的不可克隆原理。它是量子力学线性特征的直观体现,意味着量子信息不同于经典信息,它无法复制。量子信息不可克隆原理也具有优势。尤其是可以解释量子密码学能够实现的原因。

4.3.2 超光速通信

如果量子克隆原理成立,超光速通信同样可以实现。为了解释这一现象,假设 Alice 和 Bob 一开始共享一个纠缠对,$|\psi_{AB}\rangle = \frac{1}{\sqrt{2}}(|0_A\rangle|1_B\rangle - |1_A\rangle|0_B\rangle)$。在

$|\pm\rangle=\dfrac{1}{\sqrt{2}}(|0\rangle\pm|1\rangle)$ 基中,纠缠态同样可以写成 $|\psi_{AB}\rangle=-\dfrac{1}{\sqrt{2}}(|+_A\rangle|-_B\rangle-$
$|-_A\rangle|+_B\rangle)$。Alice 用 $\{|0\rangle,|1\rangle\}$ 基或者 $\{|+\rangle,|-\rangle\}$ 基测量她持有的粒子,而 Bob
将他的粒子克隆,复制 $2N$ 个粒子。于是他可以用 $\{|0\rangle,|1\rangle\}$ 基测量其中 N 个粒
子,用 $\{|+\rangle,|-\rangle\}$ 基测量剩余 N 个粒子。如果任选一组基底的测量结果都相同的
话,Bob 就会知道 Alice 选择哪种基进行测量。

4.4　问题

1.要证明一个超算子当且仅当幺正化时是可逆的,即对于任意的 $B\in\mathcal{B}(\mathcal{H})$ 有
$M(B)=UBU^\dagger$。很明显,如果 M 是幺正的,它是可逆的。现在需要证明其逆变换
情况,即,如果 M 可逆,它也是幺正的。令

$$M(|\psi\rangle\langle\psi|)=\sum_\mu M_\mu|\psi\rangle\langle\psi|M_\mu^\dagger$$

如果 $N\circ M=I$,或者对于所有的 $|\psi\rangle$,有

$$\sum_{\mu,v}N_vM_\mu|\psi\rangle\langle\psi|M_\mu^\dagger N_v^\dagger=|\psi\rangle\langle\psi|$$

超算子 N 是 M 的逆算子。

(1)使用已知条件

$$\sum_{\mu,v}|\langle\psi|N_vM_\mu|\psi\rangle|^2=1$$

这意味着通过上述方程以及算子 N_v 和 M_μ 归一化条件,可以证明 $N_vM_\mu=\lambda_{v\mu}I$。

(2)用(1)中的结果证明对于任意的 μ 和 μ',$M_{\mu'}^\dagger M_\mu$ 和单位矩阵成线性比例
关系。

(3)用(2)中的结果证明 M 是幺正的。

2.(1)令 $|\psi_1\rangle$ 和 $|\psi_2\rangle$ 分别为两个单量子态。求一个值 φ,使得量子映射

$$|\psi_1\rangle|\psi_2\rangle\rightarrow\dfrac{1}{\sqrt{2}}(|\psi_2\rangle|\psi_1\rangle+\mathrm{e}^{\mathrm{i}\varphi}|\psi_1\rangle|\psi_2\rangle)$$

可以通过一个幺正变换得到。

(2)上述变换可以适用于一个以上的量子比特中传输信息。假设 $|\psi_1\rangle=|0\rangle$,且
$|\psi_2\rangle=|\psi\rangle$。现在假设丢失了其中之一的量子比特。求剩下一个量子比特的约化密
度矩阵及量子态 $|\psi\rangle$ 的保真度。通过在一个以上的量子比特中传输信息,就可以保
留原量子比特的信息,尽管丢失了一个量子比特。

(3)对于一个一般的单量子态 $|\psi\rangle$,求一个值 φ,使得变换

$$|0\rangle|0\rangle|\psi\rangle \rightarrow \frac{1}{\sqrt{3}}\left[|0\rangle|0\rangle|\psi\rangle + e^{i\varphi}(|0\rangle|\psi\rangle|0\rangle + |\psi\rangle|0\rangle|0\rangle)\right]$$

可以通过一个幺正变换得到。

3.受控非门是一个常用装置,可以用来得到一些量子映射。

(1)假设输入态是$(\sqrt{p_0}|0\rangle + \sqrt{p_1}|1\rangle)\otimes|\psi\rangle$,且$p_0 + p_1 = 1$。$|\psi\rangle$是一个一般的单量子态,且第一个量子比特是控制量子比特,第二个是目标量子比特。将该量子态发送至受控非门并得到控制量子比特。求作用在目标量子比特上的量子映射对应的 Kraus 算子。

(2)现在考虑输入态$|\psi\rangle\otimes(1/\sqrt{2})(e^{i\theta}|0\rangle + e^{-i\theta}|1\rangle)$。将此量子态发送至受控非门并得到目标量子比特。求作用在控制量子比特的量子映射对应的 Kraus 算子。

4.互换算子作用在两个量子比特上,表示为$S|\psi\rangle_a\otimes|\varphi\rangle_b = |\varphi\rangle_a\otimes|\psi\rangle_b$。一个部分互换算子表示为$P(\theta) = \cos\theta\, I_{ab} + i\sin\theta S$,其中$I_{ab}$是两个量子比特的单位算子。它可以看作是一个实现在两个量子比特之间部分交换信息的算子。

(1)证明如果有一个双量子比特密度矩阵,表示为$\rho_a\otimes\zeta_b$,其中ρ_a和ζ_b分别为单量子比特对应的密度矩阵,则

$$\rho'_a = \text{Tr}_b[P(\theta)\rho_a\otimes\zeta_b P^\dagger(\theta)]$$

可以通过

$$\rho'_a = \cos^2\theta\, \rho_a + \sin^2\theta\, \zeta_a + i\cos\theta\sin\theta[\zeta_a, \rho_a]$$

得到。

(2)将ρ_a和ρ'_a用 Bloch 形式表示为

$$\rho_a = \frac{1}{2}I_a + \boldsymbol{r}\cdot\sigma, \quad \rho'_a = \frac{1}{2}I_a + \boldsymbol{r}'\cdot\sigma,$$

求$\boldsymbol{r}$与$\boldsymbol{r}'$之间的关系式。

参考文献

[1] J. Preskill, *Lecture Notes for Physics* 219 http：// www.theory.caltech.edu/ people/preskill/ph229/

[2] W.K.Wooters, W.H. Zurek, A single quantum cannot be cloned. Nature 299, 802(1982)

第 5 章　量子测量理论

5.1　概述

测量是量子信息处理的一个重要部分。在信息处理终端获取量子信息相当于了解系统在输出端的终态,这是因为信息通过量子态加密。实际上,信息就是量子态本身。因为系统的量子态只能通过测量得到,因此要研究量子测量理论(和实际应用)。为解决此问题,先从一个简化的量子测量模型入手,由于本质上与 von Neumann 熵理论有关,所以从该模型可以了解到标准量子测量理论的一些假设。通过分析,可以将其中一些假设替换成约束条件更少的假设,由此引出了广义测量(POVM)的概念,它很好地解决了最优测量问题。接下来,利用 Neumark 理论,可以证明如何在实验层面实际得到正算子取值测度(POVM)。作为这些通用概念的解释,接下来研究两种量子态区分策略,具体而言,就是两个量子态的无错区分和最小差错区分。作为本章中一些理论的实际应用将通过 6.3 节中 B92 量子密钥分配协议(QKD)来体现。QKD 是量子密码协议中最重要的部分,本章提到的所有概念都会通过 B92 协议直观地呈现。

5.2　标准量子测量

先简要回顾一个简化的量子测量模型。假设要测量一个物理量,该物理量在量子力学中对应一个 Hermitian 算子 X。其测量过程如下:将观测量与指针变量相关联,该量子态在宏观上是可区分的。这相当于假设指针变量的状态在本质上是经典的,且存在基本假设,即经典态易测得。例如,指针可以是一个自由移动的重粒子,观察到的指针变量只是粒子所在位置。指针的初始态是一个较窄的波包。其含义如下。一方面,波包必须足够窄,能够清楚区分指针可能出现的位置,并且波包之间无重叠。另一方面,波包不应无限窄,因为如果波包过窄,粒子在测量过程中就会传播太快。可以对该现象进行定量分析。由不确定性原理可知 $\Delta x \Delta p \approx \hbar$,得到 $\Delta p \approx \hbar/\Delta x$,因此得到指针粒子速度的不确定度 $\Delta v = \hbar/m\Delta x$。所以,在测量过程中,初

始波包的传播距离增加了

$$\Delta x(t) = \Delta x + \frac{\hbar t}{m \Delta x} \tag{5.1}$$

该表达式的含义是在波包初始传播距离为 $\Delta x_{\mathrm{opt}} = \sqrt{\frac{\hbar t}{m}}$ 时,对于给定的测量时间 t, 波包增加距离的最小值,即

$$\Delta x_{\min}(t) = \Delta x_{\mathrm{SQL}} = 2\sqrt{\frac{\hbar t}{m}} \tag{5.2}$$

其中 SQL 代表标准量子极限。初始波包制备时的宽度应不小于 Δx_{opt},但是在大多数情况下这个限制条件并不苛刻,因为 m 足够大。

接下来研究系统和指针之间的关系。二者的全 Hermitian 函数表示如下:

$$H = H_0 + \frac{P^2}{2m} + \hbar g X P \tag{5.3}$$

式子右边,H_0 是系统的 Hermitian 函数,中间项是指针粒子的动能,最后一项是系统与指针粒子之间的关系,g 是关联系数。因为要观测指针粒子的位置,所以选择互补量进行关联,如指针粒子的标准动量 P 和需要测量的系统的可观测量 X 之间的关系。简单起见,假设对可观测量 X 和未被干扰的系统 Hermitian 函数 H_0 之间进行关联。上述的 Hermitian 函数可以推导出时间演化过程,用幺正算子表示为

$$U(t) = \mathrm{e}^{-\mathrm{i}gtXP} \tag{5.4}$$

由于可观测量 X 具有 Hermitian 性,因此它有函数谱表达式,$X = \sum_j \lambda_j P_j = \sum_j \lambda_j |j\rangle\langle j|$,其中 λ_j 是(实数)本征值,$|j\rangle$ 是对应的本征矢,$P_j = |j\rangle\langle j|$ 是在 $|j\rangle$ 上张成子空间的投影算子。本征态构成了一组在系统 Hilbert 空间内的完备集,等价于在单位算子上进行投影算子扩张,即 $\sum_j P_j = 1$。通过最后一个关系可以写出时间演化算子的表达式

$$U(t) = \sum_j \mathrm{e}^{-\mathrm{i}x_j P} |j\rangle\langle j| \tag{5.5}$$

这里引入一个标注

$$x_j = gt\lambda_j \tag{5.6}$$

现在,假设系统-指针联合体系的初始态是 $\sum_j c_j |j\rangle \otimes |\psi(x)\rangle$,其中 $|\psi^s\rangle = \sum_j c_j |j\rangle$ 是系统的一个任意初始态,且 $|\psi(x)\rangle$ 是指针粒子的初始态,假设它是一个理想的局域化波包,近似于 $x = 0$,同上文讨论的结论一致。如果将时间演化算子,即式(5.5)应用到初始态当中,在经过测量时间 t 后会得到一个联合系统,即指针态:

$$|\psi^{SP}\rangle = \sum_j c_j |j\rangle |\psi(x-x_j)\rangle \tag{5.7}$$

从中可以发现,系统态和指针粒子态之间存在很强的关联性。假设指针粒子是非常经典化的,因此能够及时定位变量的新位置 $x=x_j$。当在新位置 $x=x_j$ 上时,系统态为 $c_j |j\rangle$。因为 $x_j = gt\lambda_j$ 且本征值 λ_j 具有唯一相关性,通过观察可观测量被测量后指针粒子所在位置,就可以测量可观测量 X,并求出测量后的本征值 λ_j。而且,如果特殊值可求得,系统态(非归一化的)就是 $c_j |j\rangle$。$|\psi^S\rangle = \sum_j c_j |j\rangle$ 和 $|j\rangle$ 做内积得到 $c_j = \langle j|\psi^S\rangle$,意味着非归一化的后测量态是 $|j\rangle\langle j|\psi^S\rangle = P_j |\psi^S\rangle$。在测量后如果能够得到特殊值 λ_j,其归一化态就是 $|\varphi_j\rangle = \dfrac{P_j|\psi^S\rangle}{|c_j|}$。

　　这些发现可以通过一些量子测量理论的假设进行更规范地总结。然而,在列举这些假设之前,要先说明一下这些测量手段的区分度。很明显,如果两个指针之间的距离超过了 SQL,$\Delta x_j = x_{j+1} - x_j = gt\Delta\lambda_j \geqslant x_{SQL}$,就可以区分二者所在的位置。利用式(5.6)中的指针位置和本征值之间的关系,可以找到区分度下限,即

$$\Delta\lambda_j \geqslant \frac{2}{g}\sqrt{\frac{\hbar}{mt}} \tag{5.8}$$

这是量子测量中可区分的最小本征值间隔。正如预期,测量区分度随着测量时间的增加而提升。

　　现在要从前面的讨论中得到量子测量理论的假设。假设对某可观测量 X 进行测量,其谱函数表示为 $X = \sum_j \lambda_j |j\rangle\langle j|$。从 X 的 Hermitian 性可以得知其本征值 λ_j 是实数。简单起见,假设本征值是非简并化的,且对应的本征矢 $\{|j\rangle\}$ 构成了一组完备的标准正交基集合。于是有如下假设:

　　1.投影算子 $P_j = |j\rangle\langle j|$ 张成整个 Hilbert 空间,$\sum_j P_j = 1$。

　　2.根据量子态的正交性可以得到 $P_i P_j = P_i \delta_{ij}$。特别是,当任意投影算子的本征值为 0 或 1 时有 $P_i^2 = P_i$。

　　3.测量 X 会产生一个本征值 λ_j。

　　4.如果测量后得到本征值 λ_j,此时系统的量子态是 $|\varphi_j\rangle = \dfrac{P_j|\psi\rangle}{\sqrt{\langle\psi|P_j|\psi\rangle}}$。

　　5.得到特定测量结果的概率是 $p_j = ||P_j\psi\rangle||^2 = \langle\psi|P_j^2|\psi\rangle = \langle\psi|P_j|\psi\rangle$,这里用到了性质 2.

　　6.如果只测量但不记录测量结果时,后测量态可以用密度矩阵 $\rho = \sum_j p_j |\varphi_j\rangle\langle\varphi_j| = \sum_j P_j |\psi\rangle\langle\psi| P_j$ 表示。

这六个假设充分描述了系统初始态为纯态时,系统在测量过程中的变化情况。如果系统初始态为混合态 ρ,后三个假设可以替换如下:

4a.如果测量后得到本征值 λ_j,此时系统的量子态是 $\rho_j = \dfrac{P_j \rho P_j}{\mathrm{Tr}(P_j \rho P_j)} = \dfrac{P_j \rho P_j}{\mathrm{Tr}(P_j \rho)}$。

5a.得到特定测量结果的概率是 $p_j = \mathrm{Tr}(P_j \rho P_j) = \mathrm{Tr}(P_j^2 \rho) = \mathrm{Tr}(P_j \rho)$,这里应用到了性质 2.

6a.如果只测量但不记录测量结果时,后测量态可以用密度矩阵 $\tilde{\rho} = \sum\limits_j p_j \rho_j = \sum\limits_j P_j \rho P_j$ 表示。

当然,假设 4a～6a 减化为 4～6 是因为系统初始态替换成纯态密度矩阵 $\rho = |\psi\rangle\langle\psi|$。因此,下文用密度矩阵来描述一般(纯态或混合态)量子态,除非强调该量子态是纯态。

先总结这些假设。通过假设基本可知测量过程是随机的;且测量结果无法预测。但是可以预测可能出现结果的谱函数以及实际测量后得到一个特定结果的概率。这引出了量子力学中的系综诠释理论。量子态 $|\psi\rangle$(或者混合态 ρ)描述了一个相同制备系统的集合而非单一的系统。如果对集合中的每个量子态采用相同的测量方式,可以预测可能出现的测量结果以及每个结果可能发生的概率,但是无法预测每个独立测量的结果,除非,当测量结果的概率确定为 0 或 1。通过这些假设可以求出任意时刻测量产生的概率分布 $\{p_j\}$。一阶情况下,概率分布可以表示成对初始态集合做大量相同的测量后的平均值,称之为 X 的期望值,记为 $\langle X\rangle$,则

$$\langle X\rangle = \sum_j \lambda_j p_j = \sum_j \lambda_j \mathrm{Tr}(P_j \rho) = \mathrm{Tr}(X \rho) \tag{5.9}$$

这里采用 X 谱函数表达形式。二阶情况下,$\langle X^2\rangle = \mathrm{Tr}(X^2 \rho)$,和方差 σ 有关:

$$\sigma^2 = \langle (X - \langle X\rangle)^2\rangle = \langle X^2\rangle - \langle X\rangle^2 \tag{5.10}$$

更高阶的情况也可以通过一种简单的方式来计算,但通常情况下只需考虑一阶和二阶情况。

5.3 正算子取值测度

现在,要深入研究标准测量理论的假设。5.2 节中最后三个假设实际上提供了一种概率生成算法。生成概率是非负的,即 $0 \leqslant p_j \leqslant 1$,且概率分布归一化了,$\sum\limits_j p_j = 1$,即前两个假设的结果。此外,测量结果的数目受到 Hilbert 空间上单位算子正交分解数目的限制。显然,不可能得到比系统的 Hilbert 空间维数 N_A 更高的正交投

影,因此 $j \leqslant N_A$。然而,通常情况下需要比空间维数更多的测量结果,同时还要保持概率恒正且归一化。首先证明这是可能的:如果放宽对上述假设的条件限制而换成约束性更弱的假设,仍然可以得到一个有意义的概率生成算法。接下来证明,存在适用于这些更一般的假设的物理过程。

现在研究假设 5a(或者 5),它给出了概率生成方法。为通过此方法得到一个正的概率,P_j^2 为正是充分条件,不需要令 P_j 算子为正。因此,可以假设如下,引入一个正算子 $\Pi_j \geqslant 0$,将 P_j^2 一般化表示,并规定 $p_j = \mathrm{Tr}(\Pi_j \rho)$。当然,要确保通过新方法产生的概率分布仍然是归一化的。通过验证假设可以轻易求出归一化是假设 1 的结果,因此,要满足 $\sum\limits_j \Pi_j = I$,即正算子仍代表单位矩阵的分解。这里称正算子的单位矩阵分解,即 $\sum\limits_j \Pi_j = I$,为一个 POVM,而且 $\Pi_j \geqslant 0$ 是 POVM 中的元素。这些归纳将成为新假设 1′ 和 5′ 的核心部分。

从上一段可以发现,要使一个 POVM 成立,不需要令其中的 P_j 算子具有正交性和恒正性。因此,符合假设 4(或者 4a)和 6(或者 6a)并确定后测量态的算子可以是任意的,甚至是非 Hermitian 算子。投影测量的正交性本质上是假设 2 的结果,而该假设约束性最强,因为它限制了大部分多维系统当中单位矩阵的分解数目。试想如果没有这条假设,此推理是否仍然成立。

如果删去假设 2,则产生的概率分布的算子不再和产生后测量态的算子相同,因此存在选择余地。将产生后测量态的算子记为 A_j,它们是正交投影 P_j 的一般化表示。换言之,用 $A_j|\psi\rangle$ 来定义非归一化的后测量态,且对应的测量后的归一化态为 $|\varphi\rangle = A_j|\psi\rangle/\sqrt{\langle\psi|A_j^\dagger A_j|\psi\rangle}$。该表达式将会成为新假设 4′ 的关键。随即得到 Π_j 的表达式 $\Pi_j = A_j^\dagger A_j$,严格意义上来讲它是一个正算子。现在可以自由设计后测量态。首先注意到,因为 POVM 元素都是正算子,所以 $\Pi_j^{1/2}$ 是存在的。很明显,可能存在一个 A_j。所以有

$$A_j = U_j \Pi_j^{1/2} \tag{5.11}$$

U_j 是任意的幺正算子,这是检测算子的最一般表示形式,满足 $A_j^\dagger A_j = \Pi_j$,上述表达式对应各自的极化分解。可以发现 POVM 的元素 Π_j 确定了算子绝对值 $|A_j| = \Pi_j^{1/2}$,但是保留其幺正部分。算子 A_j 是投影算子 P_j 的一般形式,而 Π_j 是 P_j^2 的一般形式。集合 $\{A_j\}$ 称作检测算子集,且这些算子在新假设 2′ 和 4′ 中扮演重要作用,假设 6′ 替换了标准测量中对应的假设。

由此完成了本节一开始设定的预期目标,即将标准测量理论中所有假设替换为约束性更少的一般化假设,仍保留原有假设的核心部分。现在可以列出新假设了。

1′.考虑一个单位矩阵的分解,$\sum\limits_j \Pi_j = 1$,对于正算子,$\Pi_j \geqslant 0$。这样的分解称作

POVM,且 Π_j 是 POVM 中的元素。

$2'$.POVM 中的元素 Π_j 可以表示成检测算子 A_j 的形式,即 $\Pi_j = A_j^\dagger A_j$,在一般情况下,检测算子是非 Hermitian 算子,只需满足限制条件 $\sum_j A_j^\dagger A_j = I$。因此,构建后的 POVM 元素都是正算子。相反,给定一个 POVM,其检测算子都可以表示为 POVM 中的元素形式,即 $A_j = U_j \Pi_j^{1/2}$,其中 U_j 是任意的幺正算子。

$3'$.检测算子产生的替代算子对应 POVM 中的元素。

$4'$.如果初始态是纯态 $|\psi\rangle$,则测量后的系统态为 $|\varphi_j\rangle = \dfrac{A_j|\psi\rangle}{\sqrt{\langle\psi|A_j^\dagger A_j|\psi\rangle}}$,如果初始态为混合态 ρ,则测量后的系统态为 $\rho_j = \dfrac{A_j \rho A_j^\dagger}{\mathrm{Tr}(A_j \rho A_j^\dagger)} = \dfrac{A_j \rho A_j^\dagger}{\mathrm{Tr}(A_j^\dagger A_j \rho)}$。通过将任意的幺正算子 U_j 包含在检测算子内,可以简化后测量态的构建过程。

$5'$.测量后得到某一特定结果的概率为 $p_j = \mathrm{Tr}(A_j \rho A_j^\dagger) = \mathrm{Tr}(A_j^\dagger A_j \rho) = \mathrm{Tr}(\Pi_j \rho)$,这里利用了迹的循环不变性质。

$6'$.如果只进行测量但不记录测量结果,后测量态可以用密度矩阵 $\tilde{\rho} = \sum_j p_j \rho_j = \sum_j A_j \rho A_j^\dagger$ 表示。

一般不会关注此类操作后的系统态,而是更多关注测量结果的概率分布。基于此,有必要考虑假设 $1'$ 和假设 $5'$ 定义的替代量 j 作为探测结果的概率。注意到,这当中没有要求 Π_j 具有正交性的步骤。因为正交性不再是要求条件,单位矩阵分解后产生的测量结果数目不再受 N_A 的限制。实际上,测量结果的数目可以取任意值。很明显,这是对 von Neumann 投影测量进行推广。这是一个惊人的总结,因为它证明任何满足假设 $1'$ 和假设 $2'$ 的合理操作都会产生一个有效的概率分布。这也是标准量子测量的一个自然总结,因为它提供了一个定义明确的算法,该算法可以产生好的概率分布。所以可将其视作广义测量,而且大多数情况下,它是标准量子测量的一个充分总结。

还需注意一点:通常投影算子投影在一维子空间上,该子空间由矢量 $|\omega_j\rangle$ 张成,在此情况下,它可以写为 $P_j = |\omega_j\rangle\langle\omega_j|$。对应的非 Hermitian 检测算子的一般形式可以写成 $A_j = c_j |\tilde{\omega}_j\rangle\langle\omega_j|$,且 $\langle\omega_j|\omega_j\rangle = \langle\tilde{\omega}_j|\tilde{\omega}_j\rangle = 1$,$c_j$ 是单位圆内的复数,$|c_j|^2 \leqslant 1$,且 $\langle\omega_j|\tilde{\omega}_j\rangle$ 的值是任意的。于是有

$$\Pi_j = |c_j|^2 |\omega_j\rangle\langle\omega_j| \tag{5.12}$$

但 $\langle\omega_j|\omega_k\rangle \neq \delta_{jk}$,因此,明确地说,POVM 不是单位矩阵的一个正交分解。因为 $A_j|\psi\rangle = c_j\langle\omega_j|\psi\rangle|\tilde{\omega}_j\rangle$,所以 $|\tilde{\omega}_j\rangle$ 和后测量态 $|\varphi_j\rangle$ 成正比,且 $p_j = \langle\psi|\Pi_j|\psi\rangle = \langle\psi|A_j^\dagger A_j|\psi\rangle = $

$|c_j|^2|\langle\omega_j|\psi\rangle|^2$。因此,有

$$|c_j|^2=\frac{p_j}{|\langle\omega_j|\psi\rangle|^2} \tag{5.13}$$

且

$$\Pi_j=\frac{p_j}{|\langle\omega_j|\psi\rangle|^2}|\omega_j\rangle\langle\omega_j| \tag{5.14}$$

当然,到目前为止,这一切只是标准量子测量的数学总结。还需通过实际操作验证。下一节将回答这个问题,然后再研究 POVM 的实例。

5.4　Neumark 定理与通过广义测量实现的 POVM

首先,如果系统与另一个附加系统相关联,并进行演化,测量附加系统后会出现什么情况。关联后系统的 Hilbert 空间 $\mathcal{H}_A\otimes\mathcal{H}_B$ 是通过张量积方式张成的,原先系统的 Hilbert 空间是 $\mathcal{H}_A$,附加系统的 Hilbert 空间是 $\mathcal{H}_B$。现在要获得系统态 $|\psi_A\rangle$ 的信息。假设系统和附加系统最初是互相独立的,它们的联合初始态是 $|\psi_A\rangle\otimes|\psi_B\rangle$。令 $\{|m_B\rangle\}$ 为 $\mathcal{H}_B$ 中的一个标准正交基,U_{AB} 是作用在 $\mathcal{H}_A\otimes\mathcal{H}_B$ 上的一个幺正算子。则测量后得到量子态 $|m_B\rangle$ 的概率 p_m 为

$$p_m=||(I_A\otimes|m_B\rangle\langle m_B|)U_{AB}(|\psi_A\rangle\otimes|\psi_B\rangle)||^2 \tag{5.15}$$

定义

$$A_m|\psi_A\rangle\equiv\langle m_B|U_{AB}(|\psi_A\rangle\otimes|\psi_B\rangle) \tag{5.16}$$

则 A_m 就是 Hilbert 空间 $\mathcal{H}_A$ 上的线性算子,并与 $|m_B\rangle$,$|\psi_B\rangle$ 和 U_{AB} 有关。通过此定义,可以将测量概率写成

$$p_m=||A_m|\psi_A\rangle\otimes|m_B\rangle||^2=\langle\psi_A|A_m^\dagger A_m|\psi_A\rangle \tag{5.17}$$

注意到

$$\sum_m\langle\psi_A|A_m^\dagger A_m|\psi_A\rangle=\sum_m\langle\psi_A|\otimes\langle\psi_B|U_{AB}^\dagger|m_B\rangle\langle m_B|U_{AB}(|\psi_A\rangle\otimes|\psi_B\rangle)$$
$$=1 \tag{5.18}$$

因为对于任意的 $|\psi_A\rangle$,上述等式均成立,必须有

$$\sum_m A_m^\dagger A_m=I_A \tag{5.19}$$

其中 I_A 是 $\mathcal{H}_A$ 中的单位算子。

在测量后,整个"系统空间+附加空间"的非归一化态为 $A_m|\psi_A\rangle\otimes|m_B\rangle$,因此测量后系统(非归一化的)单独的量子态为

$$|\varphi_A\rangle = \frac{1}{\sqrt{\langle\psi_A\,|\,A_m^\dagger A_m\,|\,\psi_A\rangle}} A_m|\psi_A\rangle \qquad (5.20)$$

很明显,测量后辅助态(非归一化的)为$|\varphi_B\rangle = |m_B\rangle$,它取决于一个任意的相位因子。测量后得到结果$|m_B\rangle$时,附加态就没有存在的意义,可以舍弃。

因此,集合$\{A_m^\dagger A_m\}$给出了关于单位矩阵的正算子分解方法。因为集合$\{A_m^\dagger A_m\}$是 POVM 中的元素,因此可用 POVM 确定集合。事实上,这只是 Neumark 定理的前半部分:如果将系统与附加系统相关联,进行演化使其发生纠缠,并测量附加系统,则附加系统坍缩到附加空间中的一个基矢上,则这个过程也会改变系统的量子态,因为附加系统的自由度与系统相关。然而,系统态的转换既非幺正化也非投影化。它完全可以描述为一个 POVM,所以上述过程对应系统的 Hilbert 空间中的一个 POVM。因此,可以发现只考虑系统时,它相当于一个 POVM。现在可以知道一些物理过程可以完全被描述为 POVM。

接下来要解决另一个问题:给定一组作用于$\mathcal{H}_A$上的算子$\{A_m\}$,使得$\sum_m A_m^\dagger A_m = I$,这能否视为在更大空间上的测量结果?即能否找到一个 Hilbert 空间$\mathcal{H} = \mathcal{H}_A \otimes \mathcal{H}_B$,$|\psi_B\rangle$,$\{|m_B\rangle\} \in \mathcal{H}_B$,且$U_{AB}$作用在 Hilbert 空间$\mathcal{H}$上,使得

$$A_m|\psi_A\rangle = \langle m_B|U_{AB}(|\psi_A\rangle \otimes |\psi_B\rangle) \qquad (5.21)$$

成立?

答案是肯定的,并会严格证明。选择一个 M 维空间$\mathcal{H}_B$,并令$\{|m_B\rangle\}$为$\mathcal{H}_B$中的一个标准正交基,令$|\psi_B\rangle$为一个在$\mathcal{H}_B$中任意给定的初始态。定义变换U_{AB}为

$$U_{AB}(|\psi_A\rangle \otimes |\psi_B\rangle) = \sum_m A_m|\psi_A\rangle \otimes |m_B\rangle \qquad (5.22)$$

这相当于式(5.21),U_{AB}变换是保内积的,故

$$\left(\sum_{m'}\langle\psi'_A\,|\,A_{m'}^\dagger \otimes \langle m'_B|\right)\left(\sum_{m'} A_m\,|\,\psi_A\rangle \otimes |m_B\rangle\right) = \sum_m \langle\psi'_A\,|\,A_m^\dagger A_m\,|\,\psi_A\rangle$$
$$= \langle\psi'_A\,|\,\psi_A\rangle$$
$$(5.23)$$

所以它在$|\psi_B\rangle$张成的一维子空间上是幺正化的,且能够延展成为一个在$\mathcal{H}_A \otimes \mathcal{H}_B$上的全幺正算子。举例而言,在子空间上和$|\psi_B\rangle$正交的矢量也可以是单位算子。

现在已经完成对 Neumark 定理的证明,即确定 POVM 和上述过程之间存在一一对应关系,有时也被称为广义测量。因此,广义测量可以被认为是对一个给定的 POVM 的物理实现。

结束本节之前,通过一个例子来说明这些一般情况。该例子就是在下一节当中讨论到的最小差错区分策略的实际应用。假设某测量者拥有一个量子比特,且该量子比特从如下三种量子态当中以等概率制备:

$$|\psi_0\rangle = -\frac{1}{2}(|0\rangle + \sqrt{3}\,|1\rangle)$$

$$|\psi_1\rangle = -\frac{1}{2}(|0\rangle - \sqrt{3}\,|1\rangle) \tag{5.24}$$

$$|\psi_2\rangle = |0\rangle$$

即 $|\psi_j\rangle(j=0,1,2)$ 的制备概率为 1/3。这三个量子态构成了一组超完备对称态,即所谓的三分态集合。对于最小差错区分,考虑如下的算子:

$$\Pi_j = A_j^\dagger A_j = \frac{2}{3}|\psi_j\rangle\langle\psi_j| \tag{5.25}$$

因为 $\Pi_j \geqslant 0$,且它们共同张成整个量子比特 Hilbert 空间,$\sum_{j=0}^{2}\Pi_j = 1$,就得到了一个有效的 POVM。如果用该 POVM 进行测量得到结果 j,就猜得了 $|\psi_j\rangle$。猜对的概率为 $p_j = \langle\psi_j|A_j^\dagger A_j|\psi_j\rangle = 2/3$,猜错的概率为 $q_j = \langle\psi_{j'}|A_j^\dagger A_j|\psi_j\rangle = 1/6(j \neq j')$。实际上,上述的 POVM 是最小差错区分的最优情况,p_j 有最大可能值,且 q_j 是量子力学定律所允许的最小值。

为了根据 Neumark 定理在物理上实现最优 POVM,定义(非归一化)三量子比特矢

$$|v_0\rangle = \sqrt{\frac{2}{3}}\,|0\rangle + \frac{1}{2\sqrt{6}}(|1\rangle + |2\rangle)$$

$$|v_1\rangle = \frac{1}{2\sqrt{2}}(|1\rangle - |2\rangle)$$

$$|u_0\rangle = \frac{1}{2\sqrt{2}}(|1\rangle - |2\rangle) \tag{5.26}$$

$$|u_1\rangle = \frac{1}{2}\sqrt{\frac{3}{2}}(|1\rangle + |2\rangle)$$

这里 $\{|m_B\rangle\}(m_B = 0,1,2)$ 是在三维量子比特 Hilbert 空间 $\mathcal{H}_B$ 中的一个标准正交基。注意到 $\langle v_0|v_1\rangle = \langle u_0|u_1\rangle = 0$ 且 $||v_0||^2 + ||v_1||^2 = ||u_0||^2 + ||u_1||^2 = 1$。进一步定义变换 U 为

$$U|0_A\rangle|0_B\rangle = |0_A\rangle|v_{0,B}\rangle + |1_A\rangle|v_{1,B}\rangle$$

$$U|1_A\rangle|0_B\rangle = |0_A\rangle|u_{0,B}\rangle + |1_A\rangle|u_{1,B}\rangle \tag{5.27}$$

其中 A 代表系统,B 代表附加系统。同之前讨论的一样,可以用附加系统上的单个初始态 $|\psi_B\rangle$ 来定义此变换,只需令 $|\psi_B\rangle = |0_B\rangle$。则 U 可以延伸为一个在附加系统上的一个全幺正变换,通过将其作为一个在与 $|0_B\rangle$ 正交的子空间上的单位矩阵。

很明显,任何系统的量子态都可以表示为 $|\psi_A\rangle = \alpha|0_A\rangle + \beta|1_A\rangle$ 且 $|\alpha|^2 + |\beta|^2 = 1$。将式(5.27)中的第一个等式乘以 α,第二个等式乘以 β,两式相加,并移去其中的

$|m_B\rangle$,得到

$$\langle m_B|(U(\psi_A)|0_B\rangle))=|0_A\rangle(\alpha\langle m|v_0\rangle+\beta\langle m|u_0\rangle)+ \\ |1_A\rangle(\alpha\langle m|v_1\rangle+\beta\langle m|u_1\rangle) \tag{5.28}$$

通过$\alpha=\langle 0_A|\psi_A\rangle$和$\beta=\langle 1_A|\psi_A\rangle$,该表达式定义了作用在$|\psi_A\rangle$上的操作$A_m$。则$A_m$可以写成

$$A_m=|0_A\rangle(\langle 0_A|\langle m|v_0\rangle+\langle 1_A|\langle m|u_0\rangle)+ \\ |1_A\rangle(\langle 0_A|\langle m|v_1\rangle+\langle 1_A|\langle m|u_1\rangle) \tag{5.29}$$

最后,与式(5.24)比较,发现A_j可以缩写为

$$A_j=\sqrt{\frac{2}{3}}|\psi_j\rangle\langle\psi_j| \tag{5.30}$$

该替换证明A_j满足式(5.25)。因此,得到了关于三分态的最小差错区分的最佳POVM物理实现。

　　上述证明总结如下。现在需要三个广义测量结果,所以引入了一个三维辅助空间,称为三维量子比特。接下来系统和附加空间进行幺正纠缠操作,纠缠后对附加系统的自由度进行一个投影测量。当只对附加系统作 von Neumann 测量时,系统会和附加系统纠缠,导致 POVM 作为初始系统的余留效应出现。

　　该方法对应 Hilbert 空间上的张量积扩张。组合系统的 Hilbert 空间是两个子系统的 Hilbert 空间的张量积。存在两种不同的方法扩张 Hilbert 空间,张量积扩张是其中一种。另一种方法是直积扩张。张成的 Hilbert 空间是系统初始态构造出来的 Hilbert 空间和辅助态构造出来的 Hilbert 空间做直积构成的,辅助态也称附加态。对于三分态集,可以将三个二维非归一化检测态$\sqrt{2/3}|\psi_j\rangle$与三个标准三维正交态相关联,即

$$|\tilde{\psi}_j\rangle=\sqrt{\frac{2}{3}}|\psi_j\rangle+\sqrt{\frac{1}{3}}|2\rangle \tag{5.31}$$

辅助系统的基态$|2\rangle$和系统的两个基态$|0\rangle$和$|1\rangle$正交。通过对扩大后的三维 Hilbert 空间做 von Neumann 测量,其中测量算子由三个投影算子$|\tilde{\psi}_j\rangle\langle\tilde{\psi}_j|$($j=0$,1,2)组成,就能够实现在初始量子比特的二维 Hilbert 空间上的广义测量。实际上,Hilbert 空间实现直积扩张取决于原量子比特由三维量子比特中两部分构成这一假设。

5.5　实例:量子态区分策略

　　接下来将讨论两个量子态最优区分方案作为最优测量的实例,第一个方案是无错区分,第二个方案是最小差错区分。可以发现第一种策略的最优测量其实是

POVM,而第二种策略中的最优测量其实是标准的 von Neumann 测量。两种主要的量子态区分策略的操作过程从一开始就不同。无错区分策略最早是用来区分纯态的,最近才开始部分地用于区分混合态。最小差错区分最早是用来区分两个混合态的,而区分纯态也只是其中的特例。这两种区分策略实际上是互补的。原则上无错区分适用于两个以上的量子态区分,但是却不适用于混合态。最小差错区分法,最初就是用于区分两个混合态的,不适合区分两个以上的量子态。

5.5.1　两个纯态的无错区分

无错区分和如下问题有关。如果一个量子系统集合已制备,其中每个独立系统都用已知的两个量子态之一$|\psi_1\rangle$或者$|\psi_2\rangle$分别以概率η_1和η_2(其中$\eta_1+\eta_2=1$)表示。制备概率称先验概率,或简称为先验。这些量子态总体而言是非正交的,$\langle\psi_1|\psi_2\rangle\neq0$,但线性无关。制备方 Alice 就会在系统集合中随机抽取一个系统发送给观察方 Bob,他的任务就是确定接收到的粒子态种类。观察方也知道集合的制备过程,即完全了解两种量子态及先验概率,但是不确定发送方到底发送了哪种量子态。他唯一能做的是进行一个单独测量,如果可能,对接受到的独立系统进行一个 POVM 操作。

对于无错区分策略,观察者不允许出错,即观察者不能够得出与事实相反的结果。首先证明观察者无法以 100% 的概率实现这一情况。利用反证法证明。假定有两个检测算子Π_1和Π_2,它们一起张成整个 Hilbert 空间,有

$$\Pi_1+\Pi_2=I \tag{5.32}$$

对于无错测量也有

$$\Pi_1|\psi_2\rangle=0$$
$$\Pi_2|\psi_1\rangle=0 \tag{5.33}$$

因此第一个探测器永远无响应第二个量子态,反之亦然,由此可以断定探测器对每个量子态的响应结果都是确定的。成功测量第一个量子态的概率$p_1=\langle\psi_1|\Pi_1|\psi_1\rangle$,成功测量到第二个量子态的概率$p_2=\langle\psi_2|\Pi_2|\psi_2\rangle$。式(5.32)左边乘以$\langle\psi_1|$,右边乘以$|\psi_1\rangle$,并考虑式(5.33),得到$p_1=1$,同样可以得到$p_2=1$,似乎这里已经得到了一个完美的无错区分策略。但是,将式(5.32)左边乘以$\langle\psi_1|$,右边乘以$|\psi_2\rangle$,并考虑式(5.33),再次得到$0=\langle\psi_1|\psi_2\rangle$,即上述分析只满足正交态情况。实际上,这只证明了不存在完美的非正交量子态区分策略。

式(5.32)只允许出现两种情况:假设有两个算子始终能够无错区分两种量子态。由于该情况下成立,因此不得不调整式子,并允许出现另一种替代情况。引入第三个 POVM 元素Π_0,使得式(5.33)依然成立,式(5.32)变成

$$\Pi_1+\Pi_2+\Pi_0=I \tag{5.34}$$

第一个和第二个 POVM 元素仍可无错区分第一个和第二个量子态。但是，Π_0 对两种量子态均会做出响应，因此，该 POVM 元素对应不确定的探测结果。需要强调的是，产生这一结果并不代表出错；因为绝对不会用第二个探测器的响应情况去确定第一个量子态，反之亦然，只是在这种情况下得不到任何结论。这里引入成功概率和失败概率的概念，即 $\langle\psi_1|\Pi_1|\psi_1\rangle=p_1$ 是成功区分 $|\psi_1\rangle$ 的概率，$\langle\psi_1|\Pi_0|\psi_1\rangle=q_1$ 是无法区分 $|\psi_1\rangle$ 的概率（对于 $|\psi_2\rangle$ 也类似）。对于无错区分策略，从式（5.33）中可以得到 $\langle\psi_2|\Pi_1|\psi_2\rangle=\langle\psi_1|\Pi_2|\psi_1\rangle=0$。沿用这一表达式，可以从式（5.34）中得到 $p_1+q_1=p_2+q_2=1$。这意味着如果允许以一定概率出现不确定情况，在剩余情况下，观察者可以确认独立系统的量子态。

利用 von Neumann 测量可以轻松实现这一任务。定义两个给定量子态所在的 Hilbert 空间 $\mathcal{H}$，并引入 P_1 作为 $|\psi_1\rangle$ 的投影算子，$\bar{P}_1$ 作为正交子空间的投影算子，且 $P_1+\bar{P}_1=I$，代表 $\mathcal{H}$ 当中的单位算子。可以确定在测量集 $\{P_1,\bar{P}_1\}$ 中，如果 $\bar{P}_1$ 探测器出现了一个响应，则 $|\psi_2\rangle$ 是被选择的制备态。对 $|\psi_1\rangle$ 也可以得到类似的结论，只需将 $|\psi_1\rangle$ 和 $|\psi_2\rangle$ 互换。当然，如果 P_1（或者 P_2）单独出现响应时，就无法确定制备情况，其对应的结果也是不确定的。在 von Neumann 测量设置中，有一个替换量丢失了。因此只能在确定和得到不确定当中选择一项，结果是完全丢失了另一个量子态。该情况实际上是通过式（5.34）得到的。

现在研究如何确定无错区分的最佳测量策略。可将其视作是一种策略，或者是测量设置，因为此方法的平均失败概率是最小的（等价于平均成功概率最大）。现在要确定式（5.34）中的算子。如果引入 $|\psi_j^\perp\rangle$ 作为 $|\psi_j\rangle$（$j=1,2$）的正交矢量，则无错检测的条件，即式（5.33）为

$$\Pi_1=c_1|\psi_2^\perp\rangle\langle\psi_2^\perp| \tag{5.35}$$

和

$$\Pi_2=c_2|\psi_1^\perp\rangle\langle\psi_1^\perp| \tag{5.36}$$

这里 c_1 和 c_2 是根据最优性条件确定的正系数。

在上式中插入 p_1 和 p_2 后得到 $c_1=p_1/|\langle\psi_1|\psi_2^\perp\rangle|^2$，同样可以得到关于 c_2 的表达式。最后，令 $\cos\Theta=\langle\psi_1|\psi_2\rangle$，$\sin\Theta=\langle\psi_1|\psi_2^\perp\rangle$，可以将检测算子写成

$$\Pi_1=\frac{p_1}{\sin^2\Theta}|\psi_2^\perp\rangle\langle\psi_2^\perp|$$

$$\Pi_2=\frac{p_2}{\sin^2\Theta}|\psi_1^\perp\rangle\langle\psi_1^\perp| \tag{5.37}$$

现在，构建后的 Π_1 和 Π_2 都是半正定算子。但是，存在一个附加条件以确保 POVM 的存在，即不确定性检测算子的恒正性：

$$\Pi_0=I-\Pi_1-\Pi_2 \tag{5.38}$$

这是一个在 Hilbert 空间 $\mathcal{H}$ 内的简易 2×2 矩阵,其对应的本征值可以通过分析求解。根据本征值的非负性,经过一些繁琐但直观的线性代数转换后,可以得到条件

$$q_1 q_2 \geqslant |\langle \psi_1 | \psi_2 \rangle|^2 \tag{5.39}$$

其中 $q_1 = 1 - p_1$ 和 $q_2 = 1 - p_2$ 分别代表对应输入态无法区分的概率。

式(5.39)表示最优检测算子的恒正性的约束条件。现在可将求解结果用公式表示。令

$$Q = \eta_1 q_1 + \eta_2 q_2 \tag{5.40}$$

为无错区分的平均失败概率。现在要在式(5.39)的约束条件下将失败概率最小化。根据关系式,$P = \eta_1 p_1 + \eta_2 p_2 = 1 - Q$,$Q$ 最小即代表最大成功概率。很明显,$q_1 q_2$ 乘积的最优情况就是式(5.39)给出的最小值,可以将 q_1 表示为关于 q_2 的函数关系式 $q_2 = \cos^2 \Theta / q_1$。将此关系式代入式(5.40)得到

$$Q = \eta_1 q_1 + \eta_2 \frac{\cos^2 \Theta}{q_1} \tag{5.41}$$

其中 q_1 可以视作问题中的独立参数。Q 相对于 q_1 的最优解为 $q_1^{\mathrm{POVM}} = \sqrt{\eta_2 / \eta_1} \cos \Theta$ 和 $q_2^{\mathrm{POVM}} = \sqrt{\eta_1 / \eta_2} \cos \Theta$。最终,将最优解代入式(5.40)得到最小失败概率

$$Q^{\mathrm{POVM}} = 2 \sqrt{\eta_1 \eta_2} \cos \Theta \tag{5.42}$$

现在,了解一下如何将该结果与本节开头提到的两个无错区分 von Neumann 测量的平均失败概率进行比较。

可以求出当检测 $|\psi_1\rangle$ 失败时,第一次 von Neumann 测量后的平均失败概率为

$$Q_1 = \eta_1 + \eta_2 |\langle \psi_1 | \psi_2 \rangle|^2 \tag{5.43}$$

因为 $|\psi_1\rangle$ 在此探测器上响应概率为 1,但 $|\psi_1\rangle$ 的制备概率为 η_1,$|\psi_2\rangle$ 的响应概率为 $|\langle \psi_1 | \psi_2 \rangle|^2$,但 $|\psi_2\rangle$ 的制备概率为 η_2。

以同样方式可以求得检测 $|\psi_2\rangle$ 失败时,第二次 von Neumann 测量后的平均失败概率为

$$Q_2 = \eta_1 |\langle \psi_1 | \psi_2 \rangle|^2 + \eta_2 \tag{5.44}$$

可以观测到 Q_1 和 Q_2 二者的算术平均值,且 Q^{POVM} 是在任意情况下 Q_1 和 Q_2 的几何平均值。所以,POVM 的性能更佳。但事实并非如此,只有在满足条件时 POVM 才具备优势。存在 POVM 解的明显条件是 $q_1^{\mathrm{POVM}} \leqslant 1$ 且 $q_2^{\mathrm{POVM}} \leqslant 1$。根据 $\eta_2 = 1 - \eta_1$,结合线性代数知识,可以求出 POVM 的允许范围是 $\cos^2 \Theta / (1 + \cos^2 \Theta) \leqslant \eta_1 \leqslant 1 / (1 + \cos^2 \Theta)$。如果 η_1 小于下限,POVM 就会趋向于变为第一种 von Neumann 测量,如果 η_1 大于上限,则 POVM 就会趋向于变为第二种 von Neumann 测量。这很容易从式(5.37)和式(5.38)中得到,因为当 $q_1 = 1$ 时 $p_1 = 1 - q_1 = 0$,且 Π_0 成为量子态 $|\psi_1\rangle$ 的一个投影算子(对应 $p_2 = 0$ 的情况也类似)。

现在总结如下：

最优失败概率Q^{opt}可以表示为

$$Q^{opt}=\begin{cases}Q^{POVM}, & \text{如果}\dfrac{\cos^2\Theta}{1+\cos^2\Theta}\leqslant\eta_1\leqslant\dfrac{1}{1+\cos^2\Theta} \\[2mm] Q_1, & \text{如果}\eta_1<\dfrac{\cos^2\Theta}{1+\cos^2\Theta} \\[2mm] Q_2, & \text{如果}\dfrac{1}{1+\cos^2\Theta}<\eta_1\end{cases} \quad (5.45)$$

最优POVM算子可以表示为

$$\Pi_1=\frac{1-q_1^{opt}}{\sin^2\Theta}\,|\,\psi_2^{\perp}\,\rangle\langle\,\psi_2^{\perp}\,| $$

$$\Pi_2=\frac{1-q_2^{opt}}{\sin^2\Theta}\,|\,\psi_1^{\perp}\,\rangle\langle\,\psi_1^{\perp}\,| \quad (5.46)$$

上式表明，当$q_1^{opt}=1$且$q_2^{opt}=\cos^2\Theta$时，$\Pi_1=0$，Π_2是投影算子$|\,\psi_1^{\perp}\,\rangle\langle\,\psi_1^{\perp}\,|$，即POVM顺理成章地变成了在下限情况时的一个投影测量，同样，在上限情况时变成了一个von Neumann测量。

图5-1显示了一个给定的重叠值为$\cos^2\Theta$时，失败概率Q^{POVM}、Q_1、Q_2和η_1之间的函数关系。

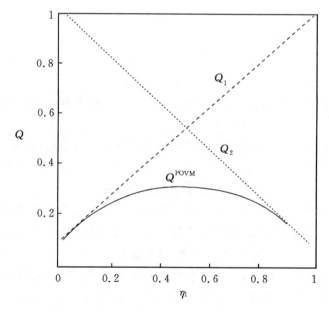

图5-1　失败概率Q和先验概率η_1之间的函数关系

短划线：Q_1，打点线：Q_2，实线：Q^{POVM}。用$|\langle\psi_1\,|\,\psi_2\rangle|^2=0.1$来表示图中的值。图中所示最优失败概率$Q^{opt}$由$0<\eta_1<0.09$时的$Q_1$，$0.09<\eta_1<0.91$时的$Q^{POVM}$以及$0.91<\eta_1$时的$Q_2$所组成

从物理角度来看,上述关系式的结果相当令人满意。相比两种 von Neumann 测量而言,POVM 在整个条件成立范围中给出了一个最低失败概率。在给定范围的两个极值点处,它都能和代表失败概率更低的 von Neumann 测量函数曲线重合。超出范围后,量子态的制备受到当中某个量子态控制,且通过选用制备频次较少的量子态作为失败的情形时,最佳测量也变成了 von Neumann 投影测量。

5.5.2 两个量子态之间的最小差错区分

上一节已经指出,在对系统测量后不管能否得到测量结果,其输出结果都是正确的,其代价就是允许出现没有测量结果的情况。但是在量子通信中的许多实际应用却要求必须得到明确的输出结果。这意味着当输入非正交量子态时,误差无法避免。根据测量结果,在每个独立的情形下,测量者必须猜测系统的量子态种类。在最佳策略当中要最大程度地降低猜错的概率;因此该过程就称作最小差错区分。现在问题的关键就变成了找到一个使误差概率最小的最优测量。

现在对最优测量问题作进一步说明。大多数情况下,要在 N 量子系统之间($N \geqslant 2$)以最小差错概率区分各自的量子态。这些量子态由密度矩阵 ρ_j($j = 1, 2, \cdots, N$)表示,且第 j 个量子态被测得的先验概率为 η_j,就有 $\sum\limits_{j=1}^{N} \eta_j = 1$。此时就可以借助 POVM 来描述测量,POVM 元素 Π_j 对应可能的测量结果。这里以如下方式定义,$\mathrm{Tr}(\rho\,\Pi_j)$ 是猜测测量后系统态为 ρ_j 的概率,其中系统的密度矩阵为 ρ。因为概率是非负实数,所以再次证明检测算子必须是半正定矩阵。在最小差错测量方案当中,测量是详细、确定的,并且在每一个独立测量当中,N 量子态出现情况都必须是确定的,不能出现无测量结果的情况。这便给出了如下条件:

$$\sum_{j=1}^{N} \Pi_j = I_{D_S} \tag{5.47}$$

这里 I_{D_S} 代表在 D_S 维物理空间态的量子系统中的单位算子。对于任意的输入态,总误码率 P_{err} 为

$$P_{\mathrm{err}} = 1 - P_{\mathrm{corr}} = 1 - \sum_{j=1}^{N} \eta_j \,\mathrm{Tr}(\rho_j \Pi_j) \tag{5.48}$$

且有 $\sum\limits_{j} \eta_j = 1$。这里引入一个概率符号 P_{corr} 表示猜对的概率。为找到最小差错测量策略,测量者必须在式(5.47)给出的约束条件下确定 POVM 使得 P_{err} 可以取到最小值。将这些最优检测算子代入式(5.48),最小差错概率 $P_{\mathrm{err}}^{\min} = P_{\mathrm{E}}$ 就可以确定。最小差错问题的详细求解很难,而且只有在特殊情况下才可以推导出解析式。

对于只给定两种量子态的情况,无论是纯态还是混合态,其最小误差概率 P_{E} 都

在 20 世纪 70 年代中期被 Helstrom 通过量子检测和评估理论模型解出。可以发现,一开始分析双量子态的最小差错概率时,更适宜通过可替换方法快速得到最优测量算子而非采用变分法。从式(5.48)开始,根据先验概率和检测算子分别满足的关系式 $\eta_1 + \eta_2 = 1$ 和 $\Pi_1 + \Pi_2 = I_{D_S}$ 的条件,发现测量后得到差错结果的总概率为

$$P_{err} = 1 - \sum_{j=1}^{2} \eta_j \, \mathrm{Tr}(\rho \, \Pi_j) = \eta_1 \, \mathrm{Tr}(\rho_1 \Pi_2) + \eta_2 \, \mathrm{Tr}(\rho_2 \Pi_1) \tag{5.49}$$

该式可以被替换为

$$P_{err} = \eta_1 + \mathrm{Tr}(\Lambda \, \Pi_1) = \eta_2 - \mathrm{Tr}(\Lambda \, \Pi_2) \tag{5.50}$$

这里引入了一个 Hermitian 算子

$$\Lambda = \eta_2 \rho_2 - \eta_1 \rho_1 = \sum_{k=1}^{D_S} \lambda_k \, | \varphi_k \rangle \langle \varphi_k | \tag{5.51}$$

这里定义量子态 $| \varphi_k \rangle$ 为算子 Λ 的本征值为 λ_k 时的标准正交本征矢。本征矢是实数,且具有一般性,可以通过如下方式编号

$$
\begin{aligned}
\lambda_k &< 0 \quad \text{对于} \quad 1 \leqslant k < k_0 \\
\lambda_k &> 0 \quad \text{对于} \quad k_0 \leqslant k \leqslant D \\
\lambda_k &= 0 \quad \text{对于} \quad D < k \leqslant D_S
\end{aligned}
\tag{5.52}
$$

对 Λ 进行谱分解操作,得到如下表达式:

$$P_{err} = \eta_1 + \sum_{k=1}^{D_S} \lambda_k \langle \varphi_k | \Pi_1 | \varphi_k \rangle = \eta_2 - \sum_{k=1}^{D_S} \lambda_k \langle \varphi_k | \Pi_2 | \varphi_k \rangle \tag{5.53}$$

现在,最优情况是分别求特定算子 Π_1 或 Π_2,使得式(5.53)中等号右边为最小值,其约束条件为:对所有本征矢 $| \varphi_k \rangle$ 都有

$$0 \leqslant \langle \varphi_k | \Pi_j | \varphi_k \rangle \leqslant 1 \quad (j = 1, 2) \tag{5.54}$$

该约束条件如此表述是因为 $\mathrm{Tr}(\rho \, \Pi_j)$ 代表任意密度矩阵 ρ 的测量概率。从此约束条件以及式(5.53)可以发现,本征值为负的本征矢满足等式 $\langle \varphi_k | \Pi_1 | \varphi_k \rangle = 1$ 和 $\langle \varphi_k | \Pi_2 | \varphi_k \rangle = 0$,且本征值为正的本征矢满足等式 $\langle \varphi_k | \Pi_1 | \varphi_k \rangle = 0$ 和 $\langle \varphi_k | \Pi_2 | \varphi_k \rangle = 1$。如果检测算子以该方式选择,就可以得到最小差错概率 $P_{err}^{\min} = P_E$。因此,最优 POVM 算子可以写成如下形式

$$\Pi_1 = \sum_{k=1}^{k_0-1} | \varphi_k \rangle \langle \varphi_k | \quad \Pi_2 = \sum_{k=k_0}^{D_S} | \varphi_k \rangle \langle \varphi_k | \tag{5.55}$$

其中 Π_2 的表达式中含有本征值 $\lambda_k = 0$ 时对应本征态的投影算子,满足 $\Pi_1 + \Pi_2 = I_{D_S}$。很明显,因为在 Λ 的谱分解过程当中存在正本征值和负本征值,区分两个量子态的最小差错测量就变成了一个 von Neumann 测量,其中包括了对两个由量子态集 $\{| \varphi_1 \rangle, \cdots, | \varphi_{k_0-1} \rangle\}$ 和 $\{| \varphi_{k_0} \rangle, \cdots, | \varphi_{DS} \rangle\}$ 分别张成的正交子空间的投影测量。当负

本征值不存在时,一个有趣的情况出现了,在此情况下,它要满足 $\Pi_1=0$ 且 $\Pi_2=I_{D_S}$,这意味着可以始终猜测系统的量子态为 ρ_2 来获得最小差错概率,且不用进行任何测量。类似的情况在不存在大于零的本征值的情况下同样成立,因此最小差错区分策略并非适用于任何条件。将最优检测算子代入式(5.50)可以得到最小差错概率:

$$P_E=\eta_1-\sum_{k=1}^{k_0-1}|\lambda_k|=\eta_2-\sum_{k=k_0}^{D}|\lambda_k| \tag{5.56}$$

对式(5.56)两种表达式求和,结合 $\eta_1+\eta_2=1$,可以得到

$$P_E=\frac{1}{2}\Big(1-\sum_k|\lambda_k|\Big)=\frac{1}{2}(1-\text{Tr}|\Lambda|) \tag{5.57}$$

这里 $|\Lambda|=\sqrt{\Lambda^{\dagger}\Lambda}$。结合式(5.48),即可推导出著名的 Helstrom 公式,它用于区分 ρ_1 和 ρ_2 的最小差错概率

$$P_E=\frac{1}{2}(1-\text{Tr}|\eta_2\rho_2-\eta_1\rho_1|)=\frac{1}{2}(1-||\eta_2\rho_2-\eta_1\rho_1||) \tag{5.58}$$

在此特殊情况下,待区分的量子态是两个纯态 $|\psi_1\rangle$ 和 $|\psi_2\rangle$,表达式可简化为

$$P_E=\frac{1}{2}\left(1-\sqrt{1-4\eta_1\eta_2|\langle\psi_1|\psi_2\rangle|^2}\right) \tag{5.59}$$

该表达式可以从教材当中找到,可以转换为等价形式:

$$P_E=\eta_{\min}\left[1-\frac{2\eta_{\max}(1-|\langle\psi_1|\psi_2\rangle|^2)}{\eta_{\max}-\eta_{\min}+\sqrt{1-4\eta_{\min}\eta_{\max}|\langle\psi_1|\psi_2\rangle|^2}}\right] \tag{5.60}$$

这里 $\eta_{\min}(\eta_{\max})$ 小于(大于)先验概率 η_1 和 η_2。这种形式可以更清楚地说明。等式右边的第一个因子是始终猜测制备频率更高的量子态的情况,不需要进行任何测量。因此,将此因子乘以 $\eta_{\min}$ 得到的就是最优测量结果。

当先验概率相等时,探测设备得到最优差错概率的设置就比较简单。两个正交探测设备对称放置在两个纯态输出端处,就能实现这一操作。当测量者将此步骤与对应的 POVM 步骤进行比较求出最优无错区分时,其简便性不言而喻。

最后,介绍一个有趣但无需证明的关系式,最小差错检测策略中最小差错概率和无错区分策略中最优失败概率之间始终满足如下关系

$$P_E\leqslant\frac{1}{2}Q^{\text{opt}} \tag{5.61}$$

这意味着对于两个由任意的先验概率制备的量子态(混合态或者纯态),在无错区分策略中最小失败概率至少是在最小差错区分策略中最小误差概率的 2 倍,前提条件是两种情况下量子态是相同的。

5.6　问题

1.在式(5.38)中的情况下,求 POVM 元素的本征值,以及对应的不确定结果情况,并证明恒正性条件可以通过式(5.39)中的形式等价得到。

2.对于两个纯态的最优无错区分策略,POVM 元素通过式(5.46)得到,且 $\Pi_0 = I - \Pi_1 - \Pi_2$。通过在 Hilbert 空间中进行张量积扩张引入一个附加空间,并利用 Neumark 理论找到一个实现广义测量的方法。

3.文中给出了最小差错概率的一般公式推导。

(1)证明两个纯态 $\rho_1 = |\psi_1\rangle\langle\psi_1|$ 和 $\rho_2 = |\psi_2\rangle\langle\psi_2|$ 在特殊情形下,式(5.58)可以化简为式(5.59)。

(2)式(5.55)给出了最优检测算子的一般表达式。求(1)中纯态情况下的具体表达式。

4.(1)证明式(5.42)中的 Q^{POVM} 和式(5.59)中的 P_E 满足不等式(5.61)。

(2)请证明(1)中的不等式。

5.(1)考虑如下的三分态

$$|\psi_1\rangle = |0\rangle \quad |\psi_2\rangle = -\frac{1}{2}(|0\rangle + \sqrt{3}\,|1\rangle)$$

$$|\psi_3\rangle = -\frac{1}{2}(|0\rangle - \sqrt{3}\,|1\rangle)$$

这些是单量子态。给定一个量子比特,它是从三种量子态当中选取的,现在要找到一个 POVM 能够实现如下条件:如果得到结果 1(对应的算子为 A_1 和 $A_1^\dagger$),则可以知道选择的量子态不是 $|\psi_1\rangle$,如果得到结果 2,则可以知道选择的量子态不是 $|\psi_2\rangle$,如果得到结果 3,则可以知道选择的量子态不是 $|\psi_3\rangle$。

(2)现在看一下四量子态(四分态):

$$|\psi_1\rangle = \frac{1}{\sqrt{3}}(-|0\rangle + \sqrt{2}\,e^{-2\pi i/3}\,|1\rangle) \quad |\psi_2\rangle = \frac{1}{\sqrt{3}}(-|0\rangle + \sqrt{2}\,e^{-2\pi i/3}\,|1\rangle)$$

$$|\psi_3\rangle = -\frac{1}{\sqrt{3}}(-|0\rangle + \sqrt{2}\,|1\rangle) \quad |\psi_4\rangle = |0\rangle$$

要考虑这些量子态的最小差错检测情况。即需要从这四个量子态中任意选择一个量子比特,求在哪种情况下可以使错误概率最小。实现这一条件的 POVM 可以用算子 $A_j = (1/\sqrt{2})|\psi_j\rangle\langle\psi_j|$ 表示,其中 $j = 1, 2, \cdots, 4$。求证

$$\sum_{j=1}^{4} A_j^\dagger A_j = I$$

并求出正确区分制备态的概率。同时,求误差概率,即将 $|\psi_j\rangle$ 误认为 $|\psi_{j'}\rangle$ 的情况,其中 $j\neq j'$。

6.当推导出 POVM 时,要用到一个 Hilbert 空间,它是通过被测量的系统空间和一个附加空间之间做张量积形成的。还可以通过考虑求两个 Hilbert 空间的直积和来推导 POVM。尤其是,如果对一个受限于较大空间的子空间的量子态进行测量,则可以将整个空间的投影测量描述为在子空间上的 POVM。通过一个例子来了解它是如何实现的。

(1)再次考虑三分态的情况,但现在假设它是一个三维量子比特而非一个二维量子比特。整个 Hilbert 空间,$\mathcal{H}_3$ 具有标准正交基 $\{|0\rangle,|1\rangle,|2\rangle\}$ 以及子空间 S,在子空间当中三分态通过基元素 $|0\rangle$ 和 $|1\rangle$ 张成。最小差错情况对应的 POVM 算子由

$$A_j=\sqrt{\frac{2}{3}}\,|\psi_j\rangle\langle\psi_j|(其中|\psi_j\rangle,j=1,2,3\text{ 由问题 1 当中的(1)部分)给出。求对于任}$$

意 $|\psi\rangle\in S$,一个作用在 $\mathcal{H}_3$ 上的一维投影算子 P_j 满足

$$\langle\psi|P_j|\psi\rangle=\langle\psi|A_j^{\dagger}A_j|\psi\rangle$$

(2)假设要测量投影算子 P_j,并且可以容易测量基态为 $\{|0\rangle,|1\rangle,|2\rangle\}$ 的投影算子。如果可以找到一个幺正变换 U,比如 $|j\rangle\langle j|=U P_j U^{-1}$,则可以通过测量投影算子 $|j\rangle\langle j|$ 来测量投影算子 P_j。这意味着

$$|\langle j|U|\psi\rangle|^2=\langle\psi|P_j|\psi\rangle$$

对变换后量子态进行测量,可以得到 $|j\rangle$ 的概率和在初始态中测量 P_j 的概率是相等的。求该情况下符合上述条件的一个幺正算子。

参考文献

[1] J. Preskill, *Lecture Notes for Physics* 219, http://www.theory.caltech.edu/people/preskill/ph229/

[2] J.A. Bergou, Tutorial review:Discrimination of quantum states J. Mod. Opt. 57, 160(2010)

[3] S.M. Barnett, S. Croke, Quantum state discrimination. Adv. Opt. Photo. 1, 238(2009)

第 6 章　量子密码学

6.1　概述

量子通信是量子信息处理和计算中的最前沿领域,这也是量子力学中大多数基本特性离实际应用只有一步之遥的原因。目前已接触到两个实例:密集编码和隐态传输。本章主要讨论量子信息处理和计算中最成功的领域:量子密码学。

密码学是秘密通信中的一门艺术,它源于古代。量子密码学和经典密码学的最大区别在于后者可以任意复制信息,因此,尽管当前一些经典密码协议在实际应用中难以破解,但理论上不存在完全安全的经典密码协议。另一方面,量子信息具有未知量子态不可复制性(量子不可克隆原理)。量子密码学允许通信双方在一个已证明是安全的信道中进行信息交换(一般将通信双方称为 Alice 和 Bob)。其安全性可以这样表述:如果存在一个窃听者(通常称为 Eve)要截取信息,但是她在截取信息的过程中会不可避免地产生干扰,进而被通信方察觉。

本章在介绍经典密码学后,将会简要普及一些量子密码学方面的知识。任何证明是安全的密码协议其核心是密钥的获取过程,量子密钥分配(QKD)利用量子力学基本原理成功解决了这一问题。Alice 和 Bob 可以通过密钥去加密和解密各自的信息。在接下来的两节中会简要介绍一些 QKD 协议来证明量子力学基本原理在其中是如何发挥重要作用的。

量子密码学是一门快速发展的学科,在这里只是普及一些入门知识,目的是为了介绍支撑这门学科发展的一些基本理论。

6.2　一次一密

世界上第一个有记载的秘密通信可以追溯到公元前 10 世纪。实际上,密码学的历史就是一部加密方和解密方之间的博弈史,有时候,加密方比解密方更胜一筹,有时候后者会占上风。量子力学出现后,加密方似乎终于处于领先地位了。

更进一步说,明文经过某种特殊方式加密,原文中的单词甚至是整句话会被单词、数字或者一个符号所替换。一开始这种方法十分流行,后来因为密码的出现使其作用被不断削弱。密码使得加密操作在占用空间更小的字母中进行,在密文中,一般用字母、数字或者符号来替代字母本身。

如果信息中的字母被重新排列,则称该操作为推移。字母被替换后解决推移的方法就是替代法。早期具有代表性的密码替换实例有 Caesar 加密法,其创始人是 Julius Caesar,当时这种加密方式用于军事通信。原文当中每个单词中的字母按照字母表逐个往后推移了三位,再形成新的密文。所以,就拿 Caesar 这个单词举例,加密后就变成了 Fdhvdu。

这种加密方式很容易被破解,如果对不同的信息采用不同的字母推移规定,而非总是往后推移三位,信息的破译难度就会提升。当然,除了信息以外,这种推移规定还必须要让接收方知晓。这就是最简单的密钥举例。此例中,密钥就是推移规定,接收方可以通过密钥对密文进行解密,如果对一条信息中的每个字母都采用不同的推移规定,破译难度就更大了,当然,这也会使密钥长度不断增加,然而,这样做的好处是,如果有一个随机密钥,并且只使用一次,密码将无法破译。该过程称为一次一密。

关于密码的简单举例体现了加密的两个显著特征:算法和密钥。算法规定了加密和解密的全过程,但是要知道算法,某人必须同时拥有接收方和发送方的共享密钥。算法可以公布,所以系统的安全性就取决于限制密钥的破解程度。因此,密码学的一个主要任务就是如何仅在合法用户之间分配安全密钥。该问题被称为密钥分配问题。过去,信息护送人会用手拷把装有信息的手提箱和自己的手腕拷在一起,以确保信息不被他人窃取。但在信息时代则需要更加高明的手段。本章会介绍如何利用量子力学实现密钥安全分配。该方法称为 QKD 协议。

6.3　B92 量子密钥分配协议

前一章讨论的两种量子态区分策略现在都可以通过 B92 QKD 协议很好地体现。1992 年,Charles Bennett 提出了一种基于两种可区分的非正交量子态形式基底的量子密码。量子密码是一种利用量子力学手段产生的,只可使用一次的安全共享密钥的加密方法,因此可以将其称为量子版的一次一密。

在密码学当中,发送方通常称为 Alice,接收方称为 Bob。在下文中一直会沿用这两种称呼。诚如所见,现在的问题是如何在 Alice 和 Bob 之间产生或者分配一组安全密钥。B92 协议提供了一种用量子力学手段解决此问题的思路。其原理如下:

1.Alice 产生一个随机经典比特序列,由 0 和 1 组成。

2.Alice 将每个经典比特数据用一个量子比特进行加密，$|\psi_0\rangle = |0\rangle$ 对应比特 0，$|\psi_1\rangle = \dfrac{1}{\sqrt{2}}(|0\rangle + |1\rangle)$ 对应比特 1。通过这种方式，Alice 产生一组随机量子比特序列。

3.Alice 将加密后的随机量子比特序列发送给接收方 Bob。

4.Bob 对接收到的每个量子比特采取最优无错区分策略，利用式（5.42），Bob 成功测量概率为 $P = 1 - Q^{\mathrm{POVM}} = 1 - \dfrac{1}{\sqrt{2}} \approx 0.293$。

从下一步起，Alice 和 Bob 只交换经典信息。

5.Bob 通过一个公开经典信道告诉 Alice 哪个量子态被成功区分，但是不公布区分结果。

6.双方只保留成功区分的量子比特，并将区分失败的情况舍弃。之后双方就分享了一个所谓的原始密钥。

原始密钥对 Alice 和 Bob 而言都是相同的，因为当 Bob 通过无错区分策略成功区分量子比特时，Alice 就可以知道她发送了哪些量子比特，因此这当中不存在错误。只要窃听方和噪声不同时存在的情况下，该结论恒成立。

因此，为什么当窃听者存在的时候，此过程还是安全的呢？假设存在一个窃听者，称为 Eve，她拦截了一个量子比特。她无法确定量子态是 $|\psi_0\rangle$ 还是 $|\psi_1\rangle$。她唯一能做的就是采用最优无错区分策略。但是失败概率为 $\dfrac{1}{\sqrt{2}} \approx 71\%$。当她这么做的时候，她也不知道发送的量子态信息，因此她必须猜测发送给 Bob 的量子比特类型。由于两种量子态的制备概率是相等的，她猜对的概率只有一半，因此，这意味着 Bob 接收到一个错误的量子比特的概率为 $\dfrac{1}{2\sqrt{2}} \approx 35.3\%$。只要 Alice 和 Bob 再多运行一次协议，这些错误就可以轻易被双方察觉到。

7'.Alice 和 Bob 公开比对双方的一些比特。如果不存在误差，则说明不存在窃听方，双方保留剩余比特。如果存在误差且误差在 35% 范围内，说明可能存在一个窃听者。双方只要将所有比特舍弃再重新运行协议一次即可。

Eve 的目标除了窃取尽可能多的密钥信息外，也要尽可能少地产生误码率。在任何通信协议当中，误码率是不可避免的，一部分是由通信信道自身缺陷造成的，也有一部分可能是由探测设备自身缺陷造成的。Eve 的目标是产生低于系统自身误码率的噪声度，这样她就不会被探测到。所以，假设她已经截取了一个粒子，但是她现在采取无错区分策略去确定发送的量子态。根据式（5.59），她的误码率会达到

$\frac{1}{2}(1-\frac{1}{\sqrt{2}})\approx14.6\%$,这比她之前采用的无错区分策略产生的误码率要低得多。因此,她还是能以 85% 的概率成功获取信息。但是,尽管是这样低的误码率,只要 Alice 和 Bob 调整协议的最后一步,Eve 还是会被检测到。

7. 在一个经典通信信道中,Alice 和 Bob 公布各自一些的比特。如果不存在任何错误,双方保留这些比特。如果存在,且在 14% 范围内,说明可能存在一个窃听者。双方只要将所有比特舍弃再重新运行协议一次即可。

这个条件比原先协议的第 7 步更为直接。通信双方还是有机会探测到窃听者的存在,但是信道质量和探测器效率的要求要比 Eve 采用和 Bob 相同测量策略时更高。所以,这里举例说明了一个对于接收方和窃听者都是最优量子态区分策略,以便于分析 Alice 和 Bob 在最不理想情况下所有可能的概率。尽管存在许多 QKD 协议,但是该协议最直观地说明了最优测量策略在量子通信中的重要性。

6.4 BB84 协议

第一个,也是最著名的 QKD 协议,于 1984 年由 Bennett 和 Brassard 提出,即 BB84 协议。它实际上是一种可以实现商业化运行的量子密码系统协议,它是一个包含四个量子态的协议,Alice 和 Bob 通过两组基底获得一个共享密钥。

Alice 向 Bob 发送量子比特,每个量子态都是从两组标准正交基（z 基$\{|0\rangle$,$|1\rangle\}$或 x 基$\{|+x\rangle,|-x\rangle\}$)当中选取的,其中$|\pm x\rangle=(|0\rangle\pm|1\rangle)/\sqrt{2}$。Alice 随机选择一个量子态发送,换言之,她随机选择一个基底,并在此基底当中随机选择一种量子态。$|0\rangle$和$|+x\rangle$对应经典比特当中的 0,$|1\rangle$和$|-x\rangle$对应 1。在接收到一个量子比特后,Bob 在两组基底中选择一组进行测量,选择过程是随机的。如果他选择和 Alice 相同的基底测量,他将会得到和 Alice 发送相同的量子态。例如,如果 Alice 发送$|0\rangle$,Bob 用 z 基测量该量子比特,他会得到$|0\rangle$。但是,如果 Bob 选择了和 Alice 不一致的基,他的结果就是随机的。如果 Alice 发送$|0\rangle$,Bob 用 x 基测量该量子比特时,他就会以 1/2 的概率得到$|+x\rangle$,1/2 的概率得到$|-x\rangle$。在测量一个量子比特后,Bob 会通过一个公开信道公布他选择测量的基底,但是不公布测量结果。随后,Alice 告诉 Bob 她选择的制备基底是否和他选择的结果一致。如果一致,双方保留这些量子比特对应的经典比特值。如果不一致,双方舍弃这些量子比特。

在截取-重发攻击模式下,窃听者 Eve 获取 Alice 发送的粒子,并且对其测量,随后,她基于测量结果制备另外一个粒子发送给 Bob。问题是她并不知道该选择哪个基对 Alice 发送的量子比特进行测量,所以她只能猜测。如果 Eve 猜对,且 Alice 和

Bob 都选择相同的基时,她可以获取密钥比特值,并且不会被检测到。但是,她猜错的概率也有 1/2,并且用错误的基进行测量,得到一个随机结果。她还要继续用这个错误的基去制备一个粒子发送给 Bob。例如,假设 Alice 发送 $|0\rangle$,但是 Eve 用 x 基进行测量。那么 Eve 会以 1/2 的概率得到 $|+x\rangle$,以 1/2 的概率得到 $|-x\rangle$,并将这个结果发送给 Bob。现在假设 Bob 选择和 Alice 一样的基底,本例中为 z 基。在这种情况下,无论 Eve 发送给 Bob 的量子比特是 $|+x\rangle$ 还是 $|-x\rangle$,Bob 都会以 1/2 的概率得到 $|0\rangle$,以 1/2 的概率得到 $|1\rangle$。如果他得到 $|0\rangle$,Eve 的窃听行为就不会被检测到,且 Eve 成功获取密钥的经典比特信息。但是,如果 Bob 得到的结果是 $|1\rangle$,根据信道当中不存在窃听者时结果必为 $|0\rangle$ 的规定,Eve 的窃听行为将会被发现。因此,Eve 会产生误码率,当 Alice 和 Bob 都选择相同的基时。这种情况的发生概率为 1/4,即 Eve 以 1/2 概率选错基底乘以 1/2 概率 Bob 得到和 Alice 不同的结果。Alice 和 Bob 可以通过公开比对双方选择相同的基测量时得到的比特来发现误码。如果不存在误码,信道就不存在窃听,如果存在误码,说明存在窃听者。在这种情况下双方就可以将所有比特舍弃,重新运行一次协议。

　　Eve 可以尝试一种不同类型的攻击,在这种攻击模式中,她用一个辅助态和输入量子比特进行纠缠。当她收到来自 Alice 的量子比特时,她便将此附加态作用在 $|0\rangle$ 上,并进行一个双量子比特的幺正变换 U,其变换过程如下

$$U|0\rangle_a|0\rangle_e = |0\rangle_a|\varphi_{00}\rangle_e + |1\rangle_a|\varphi_{01}\rangle_e$$
$$U|1\rangle_a|0\rangle_e = |0\rangle_a|\varphi_{10}\rangle_e + |1\rangle_a|\varphi_{11}\rangle_e \tag{6.1}$$

其中,下标 a 代表 Alice 的量子比特,下标 e 代表 Eve 的量子比特。因为 U 是幺正变换,Eve 的量子态必须满足

$$||\varphi_{00}||^2 + ||\varphi_{01}||^2 = 1 \quad ||\varphi_{10}||^2 + ||\varphi_{11}||^2 = 1$$
$$\langle\varphi_{00}|\varphi_{10}\rangle + \langle\varphi_{01}|\varphi_{11}\rangle = 0 \tag{6.2}$$

在和 Alice 的量子比特纠缠后,Eve 将 Alice 的量子比特发送给 Bob。

　　这里不会对这类攻击方式进行深入分析,但是会证明如果 Eve 不产生误码,她也得不到任何信息。当 Bob 选择 z 基进行测量时,如果没有出现误码,一定会有 $|\varphi_{01}\rangle = |\varphi_{10}\rangle = 0$。现在研究如果选择 x 基会出现什么情况。首先

$$U|\pm x\rangle_a|0\rangle_e = \frac{1}{\sqrt{2}}\big[|0\rangle_a(|\varphi_{00}\rangle_e \pm |\varphi_{10}\rangle_e) +$$
$$|1\rangle_a(|\varphi_{01}\rangle_e \pm |\varphi_{11}\rangle_e)\big] \tag{6.3}$$

现在,如果 Bob 选择 x 基进行测量,且不存在误码时,则当 Alice 的量子比特为 $|+x\rangle_a$ 时,上式右侧必须和 $|+x\rangle$ 成比例关系,意味着

$$|\varphi_{00}\rangle_e + |\varphi_{10}\rangle_e = |\varphi_{01}\rangle_e + |\varphi_{11}\rangle_e \tag{6.4}$$

且当 Alice 发送 $|-x\rangle_a$ 时,在进行 U 变换后系统的状态将和 $|-x\rangle$ 成比例,意味着

$$|\varphi_{00}\rangle_e - |\varphi_{10}\rangle_e = -(|\varphi_{01}\rangle_e - |\varphi_{11}\rangle_e) \tag{6.5}$$

将这些条件和从 z 基当中得到的结果相结合,得到 $|\varphi_{01}\rangle = |\varphi_{10}\rangle = 0$,发现 $|\varphi_{00}\rangle = |\varphi_{11}\rangle$ 也一定成立。然而,这两个条件意味着 Eve 的量子比特并没有与 Alice 的量子比特发生纠缠,故 Eve 将与 Alice 量子比特无关的信息转移到她的辅助量子比特上。因此,如果 Eve 不产生任何误码,她不会获取到任何信息。

6.5　E91 协议

1991 年,Artur Ekert 提出了一个基于纠缠共享而非协议一方直接向另一方发送粒子的协议。假设一个粒子源向 Alice 发送一个量子比特,向 Bob 发送另一个量子比特,并假设这些量子比特为单重态。Alice 和 Bob 分别独立随机决定选择 x 或 y 基来测量各自的量子比特,其中 $|\pm y\rangle = (|0\rangle \pm i|1\rangle)/\sqrt{2}$。Alice 和 Bob 随后公布双方各自选择的测量基。如果双方选取的基相同,则双方的测量结果将是不一致的,举例而言,如果 Alice 得到了 $|+x\rangle$,Bob 会得到 $|-x\rangle$。因为双方都知道对方的量子态,双方便可以通过这种方法获得密钥。

Ekert 还指出,双方可以根据不同的基对应的测量结果来检测是否和 Bell 不等式相矛盾。如果 Eve 控制了该粒子源,并且分别给 Alice 和 Bob 发送一个确定的量子态,例如给 Alice 发送一个 $|+x\rangle$,给 Bob 发送一个 $|-x\rangle$,则结果会违背 Bell 不等式,Alice 和 Bob 就会检测到 Eve 的存在。

6.6　量子秘密共享

秘密共享是一种密码协议,其中一个秘密被分为几个部分,且每个部分都对应不同的参与者。为了恢复秘密,所有参与方都要互相合作。这是提供额外安全性的一种手段。例如,银行经理将保险库的密码组合分成两部分,并将每部分密码分发给不同方。其原理是:如果至少有一方是诚实的,则诚实方会保证在保险库开启时不诚实方不会做任何坏事;如果双方都不诚实,则该方法不可行,但双方都不诚实的可能性要低于一方不诚实的可能性,所以额外的安全性就有保证。

传统意义上说,一方可以很容易地将密码分割开来。假设 Alice 拥有一些比特 0 和 1,并将其作为密钥。她创建一个由 0 和 1 组成的随机序列,并将其每一位比特做对 2 取模操作,构成了一个新的和序列。她将和序列一起发送给 Bob,并将随机序列发送给 Charlie。为了求出 Alice 的密钥序列,Bob 和 Charlie 必须合作。特别

是如果 Bob 和 Charlie 将双方各自的序列对应做按位对 2 取模操作,则随机序列消失,只剩下 Alice 的原始序列。

可以将此过程与 QKD 结合起来形成量子秘密共享协议,使得协议可以抵御窃听。例如,Alice 采用 BB84 协议与 Bob 和 Charlie 产生两组密钥。她用于编码信息的实际密钥只是这两种密钥的和(按位对 2 取模操作)。因此,为了对 Alice 发送的任意信息进行解码,Bob 和 Charlie 必须合作,特别是双方将必须将各自密钥进行组合求出 Alice 实际使用的一个密钥。

另一种方法是使用纠缠。假设 Alice 从如下两个纠缠态中选择一种进行制备

$$|\Psi_0\rangle = \cos\theta|00\rangle + \sin\theta|11\rangle$$
$$|\Psi_1\rangle = \cos\theta|00\rangle - \sin\theta|11\rangle \tag{6.6}$$

其中,$|\Psi_0\rangle$ 对应经典比特 0,$|\Psi_1\rangle$ 对应经典比特 1。她向 Bob 和 Charlie 各发一个量子比特。诚如所见,Bob 和 Charlie 必须合作才能确定 Alice 发送的量子比特类型。Bob 现在用 x 基测量。定义单量子态

$$|\psi_\pm\rangle = \cos\theta|0\rangle \pm \sin\theta|1\rangle \tag{6.7}$$

如果 Alice 发送 $|\Psi_0\rangle$,则当 Bob 得到 $|+x\rangle$ 时,Charlie 会得到 $|\psi_+\rangle$,并且当 Bob 得到 $|-x\rangle$ 时,Charlie 会得到 $|\psi_-\rangle$。类似地,如果 Alice 发送了 $|\Psi_1\rangle$,则当 Bob 得到 $|+x\rangle$ 时,Charlie 会得到 $|\psi_-\rangle$,并且当 Bob 得到 $|-x\rangle$ 时,Charlie 会得到 $|\psi_+\rangle$。现在 Charlie 对自己的量子比特 $|\psi_\pm\rangle$ 进行最优无错区分操作。他成功的概率为 $1-|\cos(2\theta)|$。随后他告诉 Alice 和 Bob 测量是否成功,并舍弃失败的情况。在测量成功的情况下,他的结果为 $|\psi_+\rangle$ 或者 $|\psi_-\rangle$,Bob 的结果为 $|+x\rangle$ 或 $|-x\rangle$。双方都不能独立确定 Alice 发送哪种量子态,但如果双方将各自的结果结合,就可以得到 Alice 的结果。因此,有关 Alice 发送的量子态以及密钥位的信息就分散到了 Bob 和 Charlie。

窃听者面临与 B92 协议相同的情况,即区分两种非正交态,在此情况下就变成了区分 $|\Psi_0\rangle$ 和 $|\Psi_1\rangle$。Eve 不可避免地会在某些时候误判一些量子态,然后她会将错误的量子态发给 Bob 和 Charlie。这导致 Bob 和 Charlie 接收到与 Alice 发送不同的量子态,进而导致共享密钥中出现误码。如果 Alice,Bob 和 Charlie 截取密钥中的一小段进行比较,则可以检测到这些误码。如果没有误码,窃听者就不存在,密钥就是安全的。

6.7　问题

1. 假设采用 Ekert 91 协议中的一个单重态 $|\varphi_-\rangle = (|0\rangle|1\rangle - |1\rangle|0\rangle)/\sqrt{2}$,并

且 Alice 和 Bob 用 x 和 y 基进行测量。要求出在这些条件下违背 Bell 不等式的最大程度。假设 Alice 在 Bell 不等式中选取的两个可观测量是 σ_x 和 σ_y。求 Bob 的两个可观测量，其形式为 $\hat{n}_1 \cdot \sigma$ 和 $\hat{n}_2 \cdot \sigma$，其中 $\hat{n}_1$ 和 $\hat{n}_2$ 是在 x-y 平面内的单位矢，使得选择单重态时产生如下形式的 Bell 不等式

$$|\langle \sigma_x(\hat{n}_1 \cdot \sigma) \rangle + \langle \sigma_x(\hat{n}_2 \cdot \sigma) \rangle + \langle \sigma_y(\hat{n}_1 \cdot \sigma) \rangle - \langle \sigma_y(\hat{n}_2 \cdot \sigma) \rangle|$$

等于 $2\sqrt{2}$。首先证明对于任何单位矢 $\hat{e}$ 和 $\hat{n}$，都有 $\langle \varphi_-|(\hat{e} \cdot \sigma)(\hat{n} \cdot \sigma)|\varphi_- \rangle = -\hat{e} \cdot \hat{n}$。

2. Alice 和 Bob 采用 B92 协议当中的量子态 $|\varphi_0\rangle$ 和 $|\varphi_1\rangle$。Eve 截取到从 Alice 发送到 Bob 一端的量子比特，并用一个附加量子比特和 Alice 发送的量子比特进行纠缠，然后将 Alice 的原始量子比特发送给 Bob。Eve 想通过测量初始量子比特以获取有关 Alice 发给 Bob 的量子比特的信息。特别是，Eve 使用幺正纠缠算子 U 来实施变换

$$U|\varphi_0\rangle_A|0\rangle_E = |\varphi_0\rangle_A|v_{00}\rangle_E + |\phi_0^\perp\rangle_A|v_{01}\rangle_E$$
$$U|\varphi_1\rangle_A|0\rangle_E = |\varphi_1\rangle_A|v_{11}\rangle_E + |\phi_1^\perp\rangle_A|v_{10}\rangle_E$$

其中，$\langle \psi_j|\psi_j^\perp \rangle = 0 (j = 0, 1)$，且当 $j, k = 0, 1$ 时矢量 $|v_{jk}\rangle$ 不一定是归一化的。证明如果 Eve 不引入误码时，她将无法得到 Alice 所发送量子比特的信息。

3. 实现量子秘密共享的另一种方法是采用 GHZ 态 $|\Psi\rangle_{abc} = (1/\sqrt{2})(|000\rangle_{abc} + |111\rangle_{abc})$。定义 x 基和 y 基为 $|\pm x\rangle = (1/\sqrt{2})(|0\rangle \pm |1\rangle)$，$|\pm y\rangle = (1/\sqrt{2})(|0\rangle \pm i|1\rangle)$。Alice，Bob 和 Charlie 每一方都有一个 GHZ 态。证明如果 Alice 和 Bob 采用相同的基测量，Charlie 用 x 基测量，则当 Bob 和 Charlie 互相公布对方测量结果时，双方可以确定 Alice 的测量结果。此外，证明如果 Alice 和 Bob 用不同的测量基测量，且 Charlie 选择 y 基测量时，当 Bob 和 Charlie 公布双方测量结果时，双方可以确定 Alice 的测量结果。因此，Alice 可以得到一个 Bob 和 Charlie 共享的联合密钥，但是 Bob 和 Charlie 必须要互相合作才能获取密钥信息。

参考文献

[1] C. H. Bennett, Quantum cryptography using any two nonorthogonal states. Phys. Rev. Lett. 68, 3121(1992)

[2] C. H. Bennett, G. Brassard, *Quantum Cryptography: Public Key Distribution and Coin Tossing*. In Proceedings of IEEE International Conference on Computers, Systems, and Signal Process-ing, Bangalore, India, December 1984(IEEE, New York, 1984), p. 175

[3] A. Ekert, Quantum cryptography based on Bell's theorem. Phys. Rev. Lett. 67, 661(1991)

[4] M. Hillery, V. Bużek, A. Berthiaume, Quantum secret sharing. Phys. Rev. A 59, 1829(1999)

[5] R. Cleve, D. Gottesman, Hoi-Kwong Lo, How to share a quantum secret. Phys. Rev. Lett. 83,648 (1999)

[6] J. Mimih, M. Hillery, Unambiguous discrimination of special sets of multipartite states using local measurements and classical communication. Phys. Rev. A 71, 012329 (2005)

[7] N. Gisin, G. Ribordy, W. Tittel, H. Zbinden, Quantum cryptography. Rev. Mod. Phys. 74, 145(2002)

第 7 章　量子算法

本章将介绍一些量子算法。重点比较量子算法和经典算法之间的性能，即在完成相同任务时二者运算次数。

7.1　Deutsch – Jozsa 算法

首先介绍 Deutsch 算法，也称 Deutsch – Jozsa 算法。其表述如下：给定一个 n 位二进制数的 Boolean 函数 $f:\{0,1\}^n \rightarrow \{0,1\}$，该函数为常值函数和平衡函数中的一种。

经典环境下，该算法最多需进行 $2^{(n-1)}+1$ 次运算，然而在量子情况下只需进行一次运算，其对应的量子线路如图 7-1 所示。

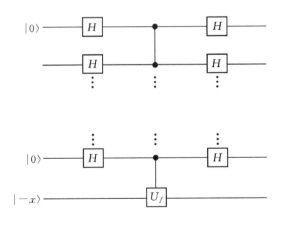

图 7-1　Deutsch – Jozsa 问题的量子线路

为了解此线路的工作原理，将会在每一步对 $n+1$ 量子比特系统态进行分析，即从输入端开始，先经过第一组 Hadamard 门，再经过一个 f-受控非门，最后经过第二组 Hadamard 门后，线路产生输出态。

由于 Hadamard 门分别置于 f-受控非门的前后，首先分析经过一组 Hadamard 门后的二进制数态，依次定义如下。令 $x=x_{n-1}x_{n-2}\cdots x_0$，其中 $x_j \in \{0,1\}$，代表一

个 n 位二进制数。在标准基底中，n 量子比特系统中的二进制数态 $|x\rangle$ 可以表示为 $|x\rangle = |x_{n-1}\rangle \otimes |x_{n-2}\rangle \cdots \otimes |x_0\rangle$。在标准基态中，Hadamard 作用在单量子比特上可写成 $H|x_j\rangle \to \dfrac{1}{\sqrt{2}}(|0\rangle + (-1)^{x_j}|1\rangle)$，因此

$$\prod_{j=0}^{n-1} |x_j\rangle \to \left(\frac{1}{\sqrt{2}}\right)^n \prod_{j=0}^{n-1} (|0\rangle + (-1)^{x_j}|1\rangle)$$

$$= \left(\frac{1}{\sqrt{2}}\right)^n \sum_{z=0}^{2^n-1} \left(\prod_{j=\text{such that } z_j=1} (-1)^{x_j}\right)|z\rangle \qquad (7.1)$$

$$= \left(\frac{1}{\sqrt{2}}\right)^n \sum_{z=0}^{2^n-1} \left(\prod_{j=0}^{n-1} (-1)^{x_j z_j}\right)|z\rangle$$

注意到 $\prod\limits_{j=0}^{n-1} (-1)^{x_j z_j} = (-1)^{\sum\limits_{j=0}^{n-1} x_j z_j} = (-1)^{\left[\sum\limits_{j=0}^{n-1} x_j z_j \bmod 2\right]}$。定义点积 $x \cdot z \equiv \sum\limits_{j=0}^{n-1} x_j z_j$ $\bmod 2$，则

$$|x\rangle \to \left(\frac{1}{2}\right)^{n/2} \sum_{z=0}^{2^n-1} (-1)^{x \cdot z}|z\rangle \qquad (7.2)$$

换言之，对于一个给定的 n 位二进制数态，它可以转换成 n 量子比特包含的所有 2^n 个二进制数态组合情况的等幅叠加，并且每一项的符号由给定量子态与二进制数态之间经点积校验后确定。

如果推广到 n 个控制量子比特输入态，即 $|\psi_{\text{in}}\rangle = |0\rangle$，在经过第一组 Hadamard 门后得到 n 量子系统态

$$|\psi_1\rangle = \left(\frac{1}{2}\right)^{\frac{n}{2}} \sum_{z=0}^{2^n-1} |z\rangle \qquad (7.3)$$

接下来研究量子态经过 f-受控非门后的变化情况。为此，定义 f-受控非门操作：$|x\rangle|y\rangle \to |x\rangle|y+f(x) \bmod 2\rangle$，其中 $|x\rangle$ 是 n 个控制量子比特态，$|y\rangle$ 是单目标量子比特态。因此

$$|x\rangle \otimes \frac{1}{\sqrt{2}}(|0\rangle - |1\rangle) \to |x\rangle \otimes (|f(x)\rangle - |1+f(x)\rangle)$$

$$= (-1)^{f(x)}|x\rangle \otimes \frac{1}{\sqrt{2}}(|0\rangle - |1\rangle) \qquad (7.4)$$

将式(7.4)和式(7.3)中的 $|\psi_1\rangle$ 相结合，得到经过 f-受控非门后量子态

$$|\psi_2\rangle \otimes \frac{1}{\sqrt{2}}(|0\rangle - |1\rangle) = \left(\frac{1}{2}\right)^{(n+1)/2} \sum_{x=0}^{2^n-1} (-1)^{f(x)}|x\rangle \otimes (|0\rangle - |1\rangle) \qquad (7.5)$$

最后，将该量子态代入式(7.2)中，在经过最后一组 Hadamard 门后输出态为

$$|\psi_{in}\rangle \otimes \frac{1}{\sqrt{2}}(|0\rangle - |1\rangle) \rightarrow \left(\frac{1}{2}\right)^{(n+1)/2} \sum_{x,z=0}^{2^n-1} (-1)^{f(x)+x\cdot z} |z\rangle \otimes (|0\rangle - |1\rangle) =$$

$$|\psi_{out}\rangle \otimes \frac{1}{\sqrt{2}}(|0\rangle - |1\rangle)$$

$$(7.6)$$

初始态的振幅 $|\psi_{in}\rangle = |0\rangle$，在输出态下易得到 $\langle 0|\psi_{out}\rangle = \left(\frac{1}{2}\right)^n \sum_{z=0}^{2^n-1} (-1)^{f(x)}$，且

$$\langle 0|\psi_{out}\rangle = \begin{cases} 0 & \text{如果 } f(x) \text{ 是平衡函数} \\ (-1)^{f(0)} & \text{如果 } f(x) \text{ 是常值函数} \rightarrow |\psi_{out}\rangle = (-1)^{f(0)}|0\rangle \end{cases} \quad (7.7)$$

因此对每个输出 n 量子比特测量后可以确定：

1.如果所有量子比特都是 0，$f(x)$=常数。

2.如果并不是所有量子比特都是 0，$f(x)$=平衡函数。

注意：只需一次运算就可得到该结论。

7.2　Bernstein-Vazirani 算法

通过 Deutsch-Jozsa 线路可以解决由 Bernstein 和 Vazirani 提出的另一个问题。假设

$$f(x) = a \cdot x + b \pmod 2 \quad (7.8)$$

其中，$a \in \{0,1\}^n$ 且 $b \in \{0,1\}$。要确定 a 的值（a 或 b 的值未知）。经典情况下，因为 a 包含了 n 位信息，至少需要对 $f(x)$ 进行 n 次运算。一种计算方法是当 $x=0$，给定 b，则得序列 $x_j = 0\cdots010\cdots0$，其中 1 位于第 j 位，$j=1,\cdots,n$。

得到 $f(x)$ 后，该量子线路输出端量子态为

$$|\Psi_{out}\rangle = \left(\frac{1}{2}\right)^n \sum_{x,y=0}^{2^n-1} (-1)^b (-1)^{x\cdot(a+y)} |y\rangle \quad (7.9)$$

其中幂指数中 $(a+y)$ 代表按位加法。

证明当 $z \in \{0,1\}^n = 0$ 时，有 $\sum_{x=0}^{2^n-1} (-1)^{x\cdot z} = 0$。可以这样解释：首先，将和式重新写成

$$\sum_{x=0}^{2^n-1} (-1)^{x\cdot z} = \sum_{x=0}^{2^n-1} \prod_{j=0}^{n-1} (-1)^{x_j z_j} = \sum_{x_{n-1}=0}^{1} \cdots \sum_{x_0=0}^{1} \prod_{j=0}^{n-1} (-1)^{x_j z_j} \quad (7.10)$$

现在假设 $z_k = 1$，则

$$\sum_{x}(-1)^{x\cdot z}=\sum_{x_{n-1}=0}^{1}\cdots\sum_{x_{k+1}=0}^{1}\sum_{x_{k-1}=0}^{1}\cdots\sum_{x_0=0}^{1}\prod_{j=0,j\neq k}^{n-1}(-1)^{x_j z_j}(1+(-1))=0,$$

$$(7.11)$$

括号中的最后两项代表当 $x_k=0$ 时得到 $+1$，当 $x_k=1$ 时得到 (-1)。因此

$$\sum_{x}(-1)^{x\cdot z}=2^n\delta_{z,0}$$

且

$$|\Psi_{\text{out}}\rangle=(-1)^b|a\rangle \tag{7.12}$$

因此，通过测量 $|\Psi_{\text{out}}\rangle$ 中的输出 n 量子比特，只需一次运算就可以得到 a 的值。

7.3　量子搜索：Grover 算法

通常，Grover 问题可以表述为在一个未分类的数据库中搜索一个标记条目。其数学原理表述如下：令 $f(x)=0$ 或 1，其中 x 是一个 n 位二进制数，特别是

$$f(x)=\begin{cases}1 & \text{如果 } x=x_0\\0 & \text{如果 } x\neq x_0\end{cases} \tag{7.13}$$

x_0 是待求未知量。其搜索过程如图 7-2 所示。

图 7-2　搜索问题的原理图

核心问题是：需要做多少次函数运算？经典情形中，如果 $N=2^n$，计算复杂度为 $\mathcal{O}(N)$。在量子计算机上，计算复杂度为 $\mathcal{O}(\sqrt{N})$。（解决方法来自于 R. Jozsa，quantph/990121）

为此，定义如下算子：

$$U_f|x\rangle=(-1)^{f(x)}|x\rangle=(-1)^{\delta_{x,x_0}}|x\rangle$$
$$U_0|x\rangle=(-1)^{\delta_{x,0}}|x\rangle=(I-2|0\rangle\langle0|)|x\rangle \tag{7.14}$$
$$U_H=(H)^{\otimes n}$$

U_f 还可以写成是 $U_f=I-2|x_0\rangle\langle x_0|$ 并且此时算子对应的线路已知。

Grover 算法包含两个过程，首先在初始态上作用一个计算复杂度为 $\mathcal{O}(\sqrt{N})$ 的算子 $Q=-U_H U_0 U_H U_f$，$|w_0\rangle=U_H|0\rangle=\dfrac{1}{\sqrt{N}}\sum_{x=0}^{N-1}|x\rangle$，然后用标准基底测量变换

后的量子态。最终得到的答案是x_0,并且得到的概率大于$\dfrac{1}{2}$(实际上概率接近于 1)。

　　其运算过程如何?首先定义$U_{w_0}=U_H U_0 U_H=I-2|w_0\rangle\langle w_0|$和一个二维子空间$S=\mathrm{span}\{|w_0\rangle,|x_0\rangle\}$。对于任意的$|\psi\rangle=c_1|w_0\rangle+c_2|x_0\rangle\in S$,有

$$Q|\psi\rangle=-U_{w_0}U_f(c_1|w_0\rangle+c_2|x_0\rangle)=-U_{w_0}\left[c_1\left(|w_0\rangle-\frac{2}{\sqrt{N}}|x_0\rangle\right)-c_2|x_0\rangle\right]$$

$$=c_1|w_0\rangle+\left(\frac{2}{\sqrt{N}}+c_2\right)\left(|x_0\rangle-\frac{2}{\sqrt{N}}|x_0\rangle\right)\in S$$

$$(7.15)$$

所以空间S中的量子态在Q算子作用下仍在原空间内。因此,在 Grover 算法中,每一个操作都是在一个 2D 子空间内进行的。注意到如果c_1和c_2是实数,则$|w_0\rangle$和$|x_0\rangle$对应的系数也是实数。对$|w_0\rangle$作用一个算子Q时,实际上只需要考虑$S'=\{c_1|w_0\rangle+c_2|x_0\rangle|c_1,c_2$为实数$\}$,即$S'$位于一个 2D 实子空间。

　　现在研究Q。S'中的算子U_f是关于$|x_0^\perp\rangle$所在直线的对称反射,记为

$$|x_0^\perp\rangle=(|w_0\rangle+|x_0\rangle\langle x_0|w_0\rangle)/(1-|\langle x_0|w_0\rangle|^2)^{1/2}$$

且

$$|w_0^\perp\rangle=(|x_0\rangle+|w_0\rangle\langle w_0|x_0\rangle)/(1-|\langle x_0|w_0\rangle|^2)^{1/2}$$

此外,在子空间S'中,$|w_0\rangle\langle w_0|+|w_0^\perp\rangle\langle w_0^\perp|=I$。可以得到$-U_f=-(I-2|w_0\rangle\langle w_0|)=I-2|w_0^\perp\rangle\langle w_0^\perp|=U_{w_0^\perp}$,它是关于$|w_0\rangle$所在直线的对称反射,记为

$$Q=U_{w_0^\perp}U_f=(\text{关于}w_0\text{对称反射})(\text{关于}x_0^\perp\text{对称反射})\qquad(7.16)$$

两种反射的几何图如图 7 - 3 所示。

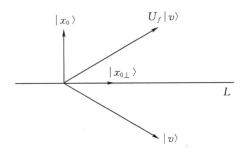

图 7 - 3　Grover 搜索算法对应的几何图

　　定理 1　令M_1和M_2为 Euclidean 平面$\mathbb{R}^2$内相交于点O的两条镜面线,α为M_1和M_2之间的夹角。如果反射操作先经过M_1再经过M_2,则反射操作后量子态将绕点O旋转2α度角。

证明:用几何法严格证明。令M_1平行于v_1且M_2平行于v_2。如果该定理对v_1和v_2及其任何叠加都成立,则该定理同样适用任何矢量。令R_1为关于M_1的对称反射,R_2为关于M_2的对称反射。现在分别讨论v_1和v_2经过对称反射后的状态变化情况。先研究v_1,它关于$M_1=v_1$的对称反射还是其本身。v_1关于$M_2=v_2$的对称反射相当于v_1在其原所在边上绕原点逆时针旋转2α度角。如图$7-4$所示。

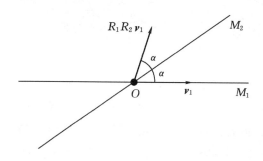

图$7-4$　v_1,R_2R_1的两次连续反射,首先通过M_1,然后紧接着通过M_2,对应有效旋转2α度角

接下来研究v_2,如图$7-5$所示。v_2关于$M_1=v_1$的对称反射相当于v_2所在方向绕原点顺时针旋转2α度角。R_1v_2关于$M_2=v_2$的对称反射是以v_2所在方向绕原点逆时针旋转2α度角。

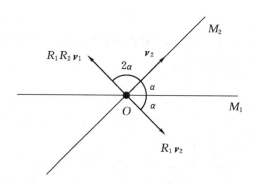

图$7-5$　v_2,R_2R_1的两次连续反射,首先通过M_1,紧接着通过M_2,对应有效旋转2α度角

因此,Q相当于在S'平面内旋转2α度角,其中α是$|w_0\rangle$和$|x_0^{\perp}\rangle$之间的夹角。进而得到

$$\cos\alpha=\langle w_0\,|\,x_0^{\perp}\rangle=\left(1-\frac{1}{\sqrt{N}}\right)^{\frac{1}{2}}$$

且

$$\sin \alpha = \langle w_0 | x_0 \rangle = (1 - \cos^2 \alpha)^{\frac{1}{2}} = \frac{1}{\sqrt{N}}$$

其中量子态(在 $|x_0\rangle$, $|x_{0\perp}\rangle$ 基中)

$$|w_0\rangle = |x_0\rangle \langle x_0 | w_0 \rangle + |x_{0\perp}\rangle \langle x_{0\perp} | w_0 \rangle \tag{7.17}$$
$$= \sin \alpha |x_0\rangle + \cos \alpha |x_{0\perp}\rangle$$

得到

$$Q^n = |w_0\rangle = \sin \alpha_n |x_0\rangle + \cos \alpha_n |x_{0\perp}\rangle \tag{7.18}$$

其中, $\alpha_n = (2n+1)\alpha$。调整 n 的取值使得 α_n 接近于 $\pi/2$。如果 N 足够大,则 $\alpha \cong$ $\frac{1}{\sqrt{N}}$,需要满足 $(2n+1)\frac{1}{\sqrt{N}} \cong \frac{\pi}{2}$。因此, $n=$ 最接近 $\frac{\pi}{4}\sqrt{N} - \frac{1}{2}$ 的整数,将其定义为 $\bar{n}$。则测量到 x_0 的概率为 $x_0 = |\langle x_0 | Q^{\bar{n}} | x_0 \rangle|^2 = \sin^2 \alpha_{\bar{n}} \cong 1$ 且测量到 $x \neq x_0$ 的概率为 $x \neq x_0 = |\langle x | Q^{\bar{n}} | w_0 \rangle|^2 = \cos^2 \alpha_{\bar{n}} = \mathcal{O}\left(\frac{1}{N^2}\right)$。

用于函数运算的暗盒调用次数从 N 减少到 $\sqrt{N}$ 是否是最优解?答案是肯定的。为此,假设该算法通过将函数调用操作换算成幺正算子来实现。调用函数用算子 $U_x = I - 2|x\rangle\langle x|$ 表示,因此

$$U_x |y| = \begin{cases} |y\rangle & 如果 y \neq x \\ -|x\rangle & 如果 y = x \end{cases} \tag{7.19}$$

函数 k 次调用后,系统的量子态为

$$|\psi_k^x\rangle = U_k U_x U_{k-1} U_x \cdots U_1 U_x |\psi_{in}\rangle \tag{7.20}$$

该方法表述如下:将 $|\psi_k^x\rangle$ 和 $|\psi_k\rangle = U_k U_{k-1} \cdots U_1 |\psi_{in}\rangle$ 进行比较,证明如果得到 x 的概率增加,尤其是 $\langle x | \psi_k^x \rangle \rangle \frac{1}{2}$,则 k 的计算复杂度一定是 $\sqrt{N}$。特别是,求出了 $D_k = \sum_x ||\psi_k^x - \psi_k||^2$ 的上下限。

先求上限值。首先,注意到

$$D_{k+1} = \sum_x ||U_x \psi_k^x - \psi_k||^2 = \sum_x ||U_x(\psi_k^x - \psi_k) + (U_x - I)\psi_k||^2 \tag{7.21}$$

且

$$D_{k+1} \leqslant \sum_x ||(\psi_k^x - \psi_k) + (U_x - I)\psi_k||^2$$
$$= \sum_x (||\psi_k^x - \psi_k||^2 + 4||\psi_k^x - \psi_k|| |\langle x | \psi_k \rangle| + |\langle x | \psi_k \rangle|^2) \tag{7.22}$$
$$\leqslant D_k + 4\left(\sum_x ||\psi_k^x - \psi_k||^2\right)^{\frac{1}{2}}\left(\sum_x |\langle x | \psi_k \rangle|^2\right)^{\frac{1}{2}} + 4$$
$$\leqslant D_k + 4\sqrt{D_k} + 4$$

现在将利用此归纳结果证明 $D_k \leqslant 4k^2$。首先，$D_0 = 0$。得到

$$D_1 = \sum_x (||U_1 U_x \psi_{in} - U_1 \psi_{in}||^2 = \sum_x (||U_x \psi_{in} - \psi_{in}||^2 \qquad (7.23)$$

但是 $(U_x - I)\psi_{in} = -2|x\rangle\langle x|\psi_{in}\rangle$，所以

$$D_1 = 4 \sum_x |\langle x|\psi_{in}\rangle|^2 = 4 \qquad (7.24)$$

因此，很容易证明当 $k = 0, 1$ 时 $D_k \leqslant 4k^2$。现在假设 k 对于下式成立

$$D_{k+1} \leqslant D_k + 4\sqrt{D_k} + 4 \leqslant 4k^2 + 8k + 4 = 4(k+1)^2 \qquad (7.25)$$

因此，$D_k \leqslant 4k^2$。

接下来求其下限值。对此，定义 $Q_x = I - |x\rangle\langle x|$，则

$$||\psi_k^x - \psi_k||^2 = |||x\rangle(\langle x|\psi_k^x\rangle - \langle x|\psi_k\rangle) + Q_x(\psi_k^x - \psi_k)||^2$$

$$= |\langle x|\psi_k^x\rangle - \langle x|\psi_k\rangle|^2 + ||Q_x(\psi_k^x - \psi_k)||^2$$

$$\geqslant |\langle x|\psi_k^x\rangle|^2 + |\langle x|\psi_k\rangle|^2 - 2|\langle x|\psi_k^x\rangle| \cdot |\langle x|\psi_k\rangle| + \qquad (7.26)$$

$$||Q_x\psi_k^x||^2 + ||Q_x\psi_k||^2 - 2\langle Q_x\psi_k^x|\psi_k\rangle|$$

$$\geqslant 2 - 2|\langle x|\psi_k\rangle| - 2||Q_x\psi_k^x||$$

现在假设在进行 k 次操作后，测量量子态 $|\psi_k^x\rangle$，得到 x 的概率大于 $1/2$，即 $|\langle x|\psi_k^x\rangle|^2 > 1/2$。根据 $||Q_x\psi_k^x||^2 \leqslant 1/2$ 还能得到 $|\langle x|\psi_k^x\rangle|^2 + ||Q_x\psi_k^x||^2 = 1$，所以 $||\psi_k^x - \psi_k||^2 \geqslant 2 - 2|\langle x|\psi_k\rangle| - \sqrt{2}$ 且

$$D_k \geqslant \sum_x (2 - 2|\langle x|\psi_k\rangle| - \sqrt{2})$$

$$\geqslant N(2 - \sqrt{2}) - 2\left(\sum_x 1^2\right)^{1/2}\left(\sum_x |\langle x|\psi_k\rangle|^2\right)^{1/2} \qquad (7.27)$$

$$\geqslant N(2 - \sqrt{2}) - 2\sqrt{N}$$

结合上下限值得到

$$4k^2 \geqslant N(2 - \sqrt{2}) - 2\sqrt{2} \qquad (7.28)$$

从中得到

$$k \geqslant \frac{(2 - \sqrt{2})^{1/2}}{2}\sqrt{N}\left(1 - \frac{2}{\sqrt{N}}\frac{1}{2 - \sqrt{2}}\right)^{1/2} \qquad (7.29)$$

因此，函数调用次数最多只能从 N 减少到 $\sqrt{N}$，并且此时 Grover 搜索算法是最优的。

7.4 周期搜索：Simon 算法

现在了解一下 Simon 算法，这是一个简单的周期搜索算法。更复杂的情况是

Shor 的因数分解算法。

考虑一个函数 $F:Z_2^{\otimes n} \to Z_2^{\otimes n}$，就是 2→1。特别是

$$f(x)=f(y) \quad \text{当且仅当} \quad y=x \oplus \xi(x,y,\xi \in Z_2^{\otimes n}) \tag{7.30}$$

这里 $\oplus$ 代表分项对 2 取模法，对于 $w,z \in Z_2^{\otimes n}$，有 $w \oplus z=(w_1+z_1 \pmod 2),\cdots,w_n+z_n \pmod 2)$ 且 ξ 是确定的。现在要对 n 个多项式进行函数拟合来求出 ξ 的值。

从量子态 $|0 \cdots 0\rangle$ 入手，对每一个量子比特作用一个 Hadamard 门，得到量子态 $2^{-n/2} \sum x |x\rangle$。现在作用一个 U_f 操作，其变换如下

$$U_f|x\rangle|y\rangle=|x\rangle|y \oplus f(x)\rangle \tag{7.31}$$

因此

$$U_f\left(\frac{1}{2^{n/2}} \sum_x |x\rangle|0\rangle\right)=\frac{1}{2^{n/2}} \sum_x |x\rangle|f(x)\rangle \tag{7.32}$$

现在测量第二个寄存器。得到结果 x_0 并保留第一个量子态 $\frac{1}{\sqrt{2}}(|x_0\rangle+|x_0 \otimes \xi\rangle)$，其中 x_0 是随机的。如果要确定 ξ 的值，这种随机性使得上述的测量无效。取而代之的是对此量子态进行一个 $H^{\otimes n}$ 操作。得到

$$\begin{aligned}
&\frac{1}{2^{(n+1)/2}} \sum_y \left[(-1)^{x_0 \cdot y}+(-1)^{(x_0 \otimes \xi) \cdot y}\right]|y\rangle \\
&=\frac{1}{2^{(n+1)/2}} \sum_y (-1)^{x_0 \cdot y}[1+(-1)^{\xi \cdot y}]|y\rangle \\
&=\frac{1}{2^{(n-1)/2}} \sum_{\{y|y \cdot \xi=0\}} (-1)^{x_0 \cdot y}|y\rangle
\end{aligned} \tag{7.33}$$

现在测量该量子态。得到 y 的值，称为 y_1，使得 $y_1 \cdot \xi=0$。通过对此过程做复杂度为 $\mathcal{O}(n)$ 的迭代，得到 n 个独立的式子，其形式为 $y_j \cdot \xi=0,j=1,\cdots,n$，可以解此线性系统来确定 ξ 的值。

7.5 量子 Fourier 变换与相位估计

量子 Fourier 变换是量子算法的一部分，特别是 Shor 因子分解算法。本书中不讨论 Shor 算法，因为它大量应用于其他地方。现在要证明如何利用量子 Fourier 变换求一个幺正变换后的未知本征值。

令 $|a\rangle$ 为一个在 m 量子比特 Hilbert 空间中的一个标准基底。m 位二进制数 a 可以表示为 $a=2^{m-1}a_1+2^{m-2}a_2+\cdots+2^0 a_m$，其中每一个 a_j 的值为 0 或 1。量子 Fourier 变换 U_F 将 $|a\rangle$ 变换成如下量子态

$$U_F |a\rangle = \frac{1}{2^m} \sum_{y=0}^{2^m-1} \mathrm{e}^{2\pi i a \cdot y/2^m} |y\rangle \qquad (7.34)$$

其逆变换为

$$U_F^{-1} |a\rangle = \frac{1}{2^m} \sum_{y=0}^{2^m-1} \mathrm{e}^{-2\pi i a \cdot y/2^m} |y\rangle \qquad (7.35)$$

这种变换可以仅通过单量子比特式双量子比特门高效实现。

现在研究如何利用量子 Fourier 变换估计一个未知本征值。其线路如图 7-6 所示。

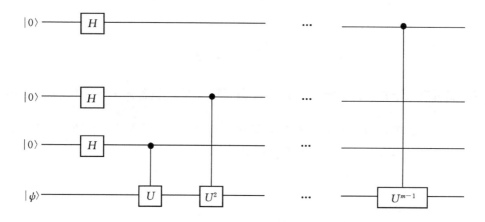

图 7-6　相位估计的量子线路

假设有一个幺正算子 U，$U|\psi\rangle = \exp(2\pi i\varphi)|\psi\rangle$（$0 \leqslant \varphi < 1$）。给定一个复制的 $|\psi\rangle$ 和量子门来进行受控-U^k（$k=1,2,2^2,\cdots,2^{m-1}$）门变换。现在求在 m 位精度下 φ 的值。从 m 条控制线上的每一个量子比特开始，其中每条线上对应的量子态为 $(|0\rangle+|1\rangle)/\sqrt{2}$，所以计算的初始态为

$$2^{-m/2} \Big[\prod_{j=0}^{m-1} (|0\rangle_j + |1\rangle_j) \Big] \otimes |\psi\rangle \qquad (7.36)$$

现在执行一个受控-U^{2^j} 门，即对第 j 位的控制量子比特和系统中的目标量子比特 $|\psi\rangle$ 进行变换。得到结果

$$2^{-m/2} \Big[\prod_{j=0}^{m-1} (|0\rangle_j + \mathrm{e}^{2\pi i 2^j \varphi} |1\rangle_j) \Big] \otimes |\psi\rangle = 2^{-\frac{m}{2}} \sum_{y=0}^{2^m-1} \mathrm{e}^{2\pi i \varphi y} |y\rangle \otimes |\psi\rangle \qquad (7.37)$$

其中，$|y\rangle$ 是一个 m 量子比特标准基态。如果 φ 的表达形式为 $a/2^m$，其中 a 是一个 m 位二进制数，就可以对上式进行简单的量子 Fourier 逆变换，得到结果 $|a\rangle$。因此可以求出 φ 的值。

现在研究当 φ 的形式不是 $a/2^m$ 形式的情况。令 $\varphi=(a/2^m)+\delta$，其中 a 是最接近 $2^m\varphi$ 的 m 位二进制数。这意味着 $0<|\delta|\leqslant 2^{-(m+1)}$。现在将式(7.37)当中的量子态进行 Fourier 逆变换得到

$$2^{-m}\sum_{y=0}^{2^m-1}\sum_{x=0}^{2^m-1}\mathrm{e}^{-2\pi\mathrm{i}x\cdot y/2^m}\mathrm{e}^{2\pi\mathrm{i}\varphi y}|x\rangle=2^{-m}\sum_{y=0}^{2^m-1}\sum_{x=0}^{2^m-1}\mathrm{e}^{-2\pi\mathrm{i}(a-x)\cdot y/2^m}\mathrm{e}^{2\pi\mathrm{i}\delta y}|x\rangle \qquad (7.38)$$

这里省略了 $|\psi\rangle$，因为它和量子态的其他部分不发生纠缠，因此对体系无影响。现在回到式(7.38)中 $|a\rangle$ 的系数。它通过下面的式子得到

$$2^{-m}\sum_{y=0}^{2^m-1}\mathrm{e}^{2\pi\mathrm{i}\delta y}=2^{-m}\left(\frac{1-\mathrm{e}^{2\pi\mathrm{i}\delta 2^m}}{1-\mathrm{e}^{2\pi\mathrm{i}\delta}}\right) \qquad (7.39)$$

现在要限制分式中分子和分母的大小。注意到

$$|1-\mathrm{e}^{\mathrm{i}\theta}|=\sqrt{2}(1-\cos\theta)^{1/2}=2\sin(\theta/2) \qquad (7.40)$$

现在，当 $0\leqslant\beta\leqslant\pi/2$ 时，则 $(2/\pi)\beta\leqslant\sin\beta\leqslant\beta$。令 $\beta=\theta/2$，如果 $0\leqslant\theta\leqslant\pi$，则

$$\frac{2\theta}{\pi}\leqslant|1-\mathrm{e}^{\mathrm{i}\theta}|\leqslant\theta \qquad (7.41)$$

注意到，因为 $|1-\mathrm{e}^{\mathrm{i}\theta}|=|1-\mathrm{e}^{-\mathrm{i}\theta}|$，上述不等式可以加入一个绝对值符号，并改写成在 $-\pi\leqslant\theta\leqslant\pi$ 范围内的形式

$$\frac{2|\theta|}{\pi}\leqslant|1-\mathrm{e}^{\mathrm{i}\theta}|\leqslant\theta \qquad (7.42)$$

因为 $|\delta|\leqslant 1/2^{m+1}$，得到 $2\pi\delta 2^m\leqslant\pi$，因此，$|1-\mathrm{e}^{2\pi\mathrm{i}\delta 2^m}|\geqslant 4\delta 2^m$，还可以得到 $|1-\mathrm{e}^{2\pi\mathrm{i}\delta}|\leqslant 2\pi\delta$。这意味着测量线路输出态得到量子态 $|a\rangle$ 的概率为

$$2^{-2m}\left|\frac{1-\mathrm{e}^{2\pi\mathrm{i}\delta 2^m}}{1-\mathrm{e}^{2\pi\mathrm{i}\delta}}\right|^2\geqslant 2^{-2m}\left(\frac{4\delta 2^m}{2\pi\delta}\right)^2=\frac{4}{\pi^2} \qquad (7.43)$$

因此，得到 m 位最近似于 φ 的概率为 $(4/\pi^2)=0.4$。进一步研究表明，误差大于 $k/2^m$ 的概率小于 $1/(2k-1)$。

该算法的实际运用与 Grover 搜索有关。假设有一个暗盒 Boolean 函数，它有两种类型。第一种是存在一个未知的输入值 x_0，当 $f(x_0)=1$ 且 $x\neq x_0$ 时，$f(x)=0$，第二种是无论何种输入，都有 $f(x)=0$。现在想知道此暗盒函数属于哪种类型。第一种方法是运行 Grover 算法，观察是否每次都得到几乎相同的结果。如果是，则该函数就属于第一类暗盒函数。如果每次都得到不同的结果，则该函数就属于第二类暗盒函数。第二种方法是采用相位估计算法。算子 $Q=U_{w_0^{\perp}}U_f$ 对于两种不同的估计具有不同的本征值。此时无论输入值是多少，最终都得到 $f(x)=0$，$U_f=I$，意味着 $Q=U_{w_0^{\perp}}$。此时，Q 是一个反射算子，所以其本征值为 ± 1。特别是，$|w_0\rangle$ 是本征值为 1 的本征态。如果输入某个值得到 $f(x_0)=1$，则在子空间 S' 内，Q 可以表示为一个由基底 $\{|w_0\rangle,|w_0^{\perp}\rangle\}$ 构成的 2×2 矩阵

$$Q = \begin{bmatrix} \cos 2\alpha & -\sin 2\alpha \\ \sin 2\alpha & \cos 2\alpha \end{bmatrix} \tag{7.44}$$

其中,α 是 $|w_0\rangle$ 和 $|x_o^{\perp}\rangle$ 之间的夹角且计算复杂度为 $O(N^{-1/2})$。该矩阵本征值为 $e^{\pm 2i\alpha}$,本征态 $|\alpha_{\pm}\rangle = (|w_0\rangle \mp i |w_o^{\perp}\rangle)/\sqrt{2}$。现在假设 N 为 Boolean 函数的可能存在的输入数量 $N=2^n$。为了区分两种不同类型的数据库,需要确定 Q 在计算复杂度为 $O(2^{-n/2})$ 的本征值,因为 $1-e^{2i\alpha}$ 也是此计算复杂度。当 $m > n/2$ 时,可以利用相位估计算法和将输入状态转换为 $|w_0\rangle$ 的受控-Q^{2^j} 门的目标量子比特进行分析。现在 $|w_0\rangle$ 不是 Q 的本征态,但可以表示两个本征态的和 $|w_0\rangle = (|\alpha_+\rangle + |\alpha_-\rangle)/\sqrt{2}$。相位估计线路的输出形式近似为 $(|\alpha_+\rangle|\alpha_+\rangle + |\alpha_-\rangle|\alpha_-\rangle)/\sqrt{2}$,其中 $\alpha_+/2^m$ 是 $\alpha/2\pi$ 的较好估计值,$\alpha_-/2^m$ 是 $(2\pi-\alpha)/2\pi$ 的较好估计值。如果只是单纯用测量基去测量第一组 m 个输出态,会得到等概率的 α_+ 和 α_- 近似估测,如果当中有一个值不为 0,则证明存在一个 x_0 使得 $f(x_0)=1$。

当存在不止一个 x 使得 $f(x)=1$ 时,上述过程就显得十分有用,现在要求满足此条件的 x 值。该过程称为量子计数。在 Q 的本征值取决于解法数量的情况下,通过估计本征值就可以确定解法数量。

7.6　量子游走

寻求新的量子算法并非易事,方法之一是研究是否存在在经典算法中证明可行的数学结构,然后尝试推广到量子领域。随机游走算法在新算法的搜索上发挥了重要作用。事实上存在一些经典随机游走算法,这里简要介绍一个例子。另一方面,可以定义一个量子环境下随机游走,称为量子游走,目前已发现了新的量子游走算法。本节将研究量子游走的定义及应用。

现在用直线来解释经典随机游走的概念。游走始于线上一点,称为原点。游走者抛掷一枚等概率硬币,如果正面朝上,则他向右走一步;如果反面朝上,则他向左走一步(每一步长度相同)。假设游走次数限定为 n。游走结果用概率分布 $p(x;n)$ 表示,即游走 n 步后游走者处在 x 的概率。其位置用单位长度衡量,以初始点($x=0$)向右方向为正,初始点向左方向为负。举例而言,当走两步时,最终位置只有可能是 $x=-2,0,2$ 这三种情况,$p(-2;2)=p(2;2)=1/4$ 且 $p(0;2)=1/2$。

当然也可以在更一般的结构中进行随机游走,例如平面图。平面图由若干顶点 V 和若干边 E 组成。每条边由两个顶点连接而成,并用一对未排序的顶点标记,这些顶点只是用来连接边。一般而言,并非所有顶点都可以连接成一条边。所有顶点可以两两连接成一条边的平面图称为完备图,如果平面图内存在 N 个顶点,则在一

个完备图中就存在 $N(N-1)/2$ 条边。为了在一个平面图内实现随机游走,需要选择一个顶点作为起始点。第一步,确认哪些顶点可以通过边和某一点相连,然后以相同的概率随机选择其中一个顶点,并将它移动到满足条件的点上。举个例子,如果起始顶点和其他三个顶点相连,则有 1/3 的概率游走到三个顶点当中的任意一个顶点上。第二步,以此顶点为中心重复该过程直到达到限定的游走次数。

关于随机游走算法的一个简单例子是确定平面图中两个顶点是否相连。为了确定是否存在使特定顶点 u 和另一个特定顶点 v 相连的路径,可以在顶点 u 开始游走,确保有一定步数的随机游走,并在每步后检验是否到达 v 点。可以证明当图中存在 N 个顶点,且游走的步数为 $2N^3$ 时,如果存在从 u 到 v 的路径,终止点不在 v 点的概率将小于二分之一。因此,如果存在从 u 到 v 的一条路径,且以此长度游走了 m 次,但终止点不在 v 点的概率将小于 $(\frac{1}{2})^m$。因此,如果在游走过程中发现顶点 v,则存在一条从 u 到 v 的路径,如果在游走了 $2N^3$ 的长度之后没有到达顶点 v,则不存在一条从 u 到 v 的路径,其游走误差概率小于 2^{-m}。因此,得到了一个搜索从 u 到 v 的路径的概率算法。

事实上量子游走的定义方式不止一种,但这里只讨论量子散射游走。在游走中,粒子驻留在边上,并在通过一个顶点时发生散射。特别地,假设一条边由顶点 v_1 和 v_2 连接而成。这条边存在两个量子态,且这两个量子态是正交的。这条边上驻留的粒子对应的量子态 $|v_1v_2\rangle$ 代表粒子从顶点 v_1 游走到顶点 v_2,量子态 $|v_2v_1\rangle$ 代表粒子从顶点 v_2 游走到顶点 v_1。所有的边对应的量子态的集合形成了一组在游走粒子 Hilbert 空间中的标准正交基。

接下来,需要求一个幺正算子,使得量子游走每次只行进一步。通过结合各顶点游走情况的局域性幺正操作来表示该算子。现在考虑一个顶点 v,令 ω_v 是粒子游走到顶点 v 时边量子态集合的线性扩张,Ω_v 是粒子离开顶点 v 时边量子态集合的扩张。因为连接顶点 v 的每条边都有两个量子态,即进入顶点 v 对应的量子态和离开顶点 v 对应的量子态,所以 ω_v 和 Ω_v 的维度相同。局域性幺正操作 U_v 在点 v 将 ω_v 映射到 Ω_v。要证明幺正操作 U_v 是完全对称的,即每条边的作用效果都相同。特别地,假设存在 n 条和顶点 v 相连的边。粒子游走至顶点 v 时被反射的概率幅为 $-r$,通过顶点游走至不同边的概率幅为 t。即如果定义和 v 相连的顶点为 $1,2,\cdots,n$,且粒子从顶点 j 进入顶点 v,则有

$$U_v|j,v\rangle = -r|v,j\rangle + t\sum_{k=1,k\neq j}^{n}|v,k\rangle \tag{7.45}$$

为了使 U_v 为幺正化的,必须令式子右边的量子态是归一化的,即

$$|r|^2+(n-1)|t|^2=1 \tag{7.46}$$

且正交输入态输出的量子态也是正交的

$$-r^* t - r t^* + (n-2)|t|^2 = 0 \tag{7.47}$$

如果为方便起见,同样令 r 和 t 为实数,得到

$$r = \frac{n-2}{n} \qquad t = \frac{2}{n} \tag{7.48}$$

注意到此时有 $r+t=1$。使得游走每前进一步对应的幺正算子 U 是所有顶点对应的算子 U_v 的结合。

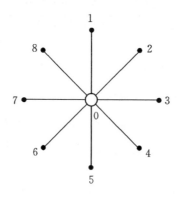

外顶点通过 N 条边和中心顶点相连接,图中 $N=8$

图 7-7 一个由中心顶点 0 和 N 个外顶点组成的星图

现在研究一下星图中的游走,其原理如图 7-7 所示。它由一个中心顶点和 N 条与之相连的边以及和这些边对应的 N 个外顶点所组成。中心点标记为 0,其他外顶点标记为 $1,2,\cdots,N$。中心顶点对应的局域幺正操作算子用 U_v 表示,其中 $r=(N-2)/N$, $t=2/N$。外顶点中只有一个顶点反射所有粒子,假设这个顶点标记为 1,它将粒子进行相位和方向翻转。该顶点由于被标记,因此不同于其他顶点,即所求目标顶点。因此,对于 $j \geqslant 2$, $U|0,j\rangle = |j,0\rangle$ 且 $U|0,1\rangle = -|1,0\rangle$,以如下量子态开始游走

$$|\psi_{init}\rangle = \frac{1}{\sqrt{N}} \sum_{j=1}^{N} |0,j\rangle \tag{7.49}$$

量子态只在完备 Hilbert 空间中的某个低维子空间内游走。特别地,如果定义

$$|\psi_1\rangle = |0,1\rangle$$

$$|\psi_2\rangle = |1,0\rangle$$

$$|\psi_3\rangle = \frac{1}{\sqrt{N-1}} \sum_{j=2}^{N} |0,j\rangle \tag{7.50}$$

$$|\psi_4\rangle = \frac{1}{\sqrt{N-1}} \sum_{j=2}^{N} |j,0\rangle$$

则在这些量子态上的 U 操作可以写成

$$U|\psi_1\rangle = -|\psi_2\rangle$$
$$U|\psi_2\rangle = -r|\psi_1\rangle + t\sqrt{N-1}|\psi_3\rangle$$
$$U|\psi_3\rangle = |\psi_4\rangle \tag{7.51}$$
$$U|\psi_4\rangle = r|\psi_3\rangle + t\sqrt{N-1}|\psi_1\rangle$$

从中可以发现，一个由上述矢量张成的四维子空间在 U 变换下是可逆的。初始态可以表示为

$$|\psi_{init}\rangle = \frac{1}{\sqrt{N}}|\psi_1\rangle + \sqrt{\frac{N-1}{N}}|\psi_3\rangle \tag{7.52}$$

同样存在于该子空间当中，且整个量子游走将在此四维可逆子空间当中进行。这很大程度上简化了在游走 n 步后求出目标量子态的过程。

现在，通过这种方式，完成了对游走模型的构建，你可能会怀疑它只是单纯地模仿 Grover 算法。恭喜你，答对了。为了弄清这个问题，首先定义在四维可逆子空间中的 U 操作可以用一个 4×4 矩阵表示

$$M = \begin{pmatrix} 0 & -r & 0 & t\sqrt{N-1} \\ -1 & 0 & 0 & 0 \\ 0 & t\sqrt{N-1} & 0 & r \\ 0 & 0 & 1 & 0 \end{pmatrix} \tag{7.53}$$

其中，矩阵 M 中的元素为 $M_{jk} = \langle\psi_j|U|\psi_k\rangle$。为求出游走特性，首先求出 U 的本征值和本征矢。M 中关于本征值 λ 的本征方程为

$$\lambda^4 - 2r\lambda^2 + 1 = 0 \tag{7.54}$$

在 N 取极大值时求解此方程。此时，式子可以表示为

$$\lambda^4 - 2\lambda^2 + 1 + 2t\lambda^2 = 0 \tag{7.55}$$

忽略式子左边的最后一项，因为当 N 足够大的时候这一项很小，这是为了求零阶解 λ_0。最后得到 $\lambda_0 = \pm1$。现在令 $\lambda = \lambda_0 + \delta\lambda$，代回原式。令二阶项的值足够小，可以发现当 $\lambda_0 = 1$ 时

$$\delta\lambda^2 + \frac{1}{2}t(1 + 2\delta\lambda) = 0 \tag{7.56}$$

当 $\lambda_0 = -1$ 时

$$\delta\lambda^2 + \frac{1}{2}t(1 - 2\delta\lambda) = 0 \tag{7.57}$$

在这两种情况下，方程的解有最低阶 $1/N$ 的形式

$$\delta\lambda = \pm \mathrm{i}\sqrt{\frac{t}{2}} \tag{7.58}$$

其阶数为 $N^{-1/2}$。

同样要求出 M 的本征态。令 $\Delta = \sqrt{t/2}$，当 $\lambda = 1 + \mathrm{i}\Delta$，$\lambda = 1 - \mathrm{i}\Delta$ 时，其本征态分别为

$$|u_1\rangle = \frac{1}{2}\begin{pmatrix} -1 \\ 1 \\ -\mathrm{i} \\ -\mathrm{i} \end{pmatrix} \quad |u_2\rangle = \frac{1}{2}\begin{pmatrix} -1 \\ 1 \\ \mathrm{i} \\ \mathrm{i} \end{pmatrix} \tag{7.59}$$

当 $\lambda = -1 + \mathrm{i}\Delta$，$\lambda = -1 - \mathrm{i}\Delta$ 时，其本征态分别为

$$|u_3\rangle = \frac{1}{2}\begin{pmatrix} 1 \\ 1 \\ -\mathrm{i} \\ \mathrm{i} \end{pmatrix} \quad |u_4\rangle = \frac{1}{2}\begin{pmatrix} 1 \\ 1 \\ \mathrm{i} \\ -\mathrm{i} \end{pmatrix} \tag{7.60}$$

对于本征态，发现

$$|\psi_{init}\rangle = \frac{\mathrm{i}}{2}(|u_1\rangle - |u_2\rangle + |u_3\rangle - |u_4\rangle) + O(N^{-1/2}) \tag{7.61}$$

根据关系式 $1 \pm \mathrm{i}\Delta \cong \mathrm{e}^{\pm \mathrm{i}\Delta}$，$-1 \pm \mathrm{i}\Delta \cong -\mathrm{e}^{\mp \mathrm{i}\Delta}$，得到

$$\begin{aligned} U^n|\psi_{init}\rangle = \frac{\mathrm{i}}{2}\big[\mathrm{e}^{in\Delta}|u_1\rangle &- \mathrm{e}^{-in\Delta}|u_2\rangle \\ &+ (-1)^n(\mathrm{e}^{-in\Delta}|u_3\rangle - \mathrm{e}^{in\Delta}|u_4\rangle))\big] + O(N^{-1/2}) \end{aligned} \tag{7.62}$$

或者

$$U^n|\psi_{init}\rangle = \frac{1}{2}\begin{pmatrix} \sin(n\Delta) \\ -\sin(n\Delta) \\ \cos(n\Delta) \\ \cos(n\Delta) \end{pmatrix} + \frac{1}{2}(-1)^n\begin{pmatrix} \sin(n\Delta) \\ \sin(n\Delta) \\ \cos(n\Delta) \\ -\cos(n\Delta) \end{pmatrix} \tag{7.63}$$

取决于阶数 $N^{-1/2}$。

从这个结果可以看出，当 $n\Delta$ 趋近于 $\pi/2$ 时，粒子将位于和标记顶点相连的边上。如果 n 为偶数，该量子态为 $|0,1\rangle$，如果 n 为奇数，则该量子态为 $-|1,0\rangle$。通过简单地测量粒子所在位置，比如粒子在哪条边上，就能够得到标记为 1 的顶点。注意到当 $n\Delta$ 趋近于 $\pi/2$ 时，n 为 $\sqrt{N}$ 阶。一般而言，为求出标记顶点，必须逐个验证，其耗费的计算复杂度为 $O(N)$，然而一次量子游走，只需要耗费计算复杂度 $O(\sqrt{N})$ 即可求出标记顶点。因此，加速达到了平方级。

目前,只利用到量子游走来解决一些已知问题,比如在列表中求一个标记元素。现在研究量子游走能否解决更多问题。假设在一个星图内,除了原先被标记的顶点外,还增加了一条额外的边。即两个外顶点之间有条边相连,现在需要找到这条边位于哪两个顶点之间。量子游走同样可以为这类搜索提供平方级加速。其原理图如图 7-8 所示。

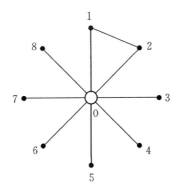

图 7-8　一条由两个外顶点相连而成的边所组成的星图

假设增加的那条边位于顶点 1 和 2 之间。这意味着当 $j=1,2,\cdots,N$ 时,除了量子态 $|0,j\rangle$ 和 $|j,0\rangle$ 之外,还增加了量子态 $|1,2\rangle$ 和 $|2,1\rangle$。为简单起见,假设顶点 1 和 2 只传输粒子。当 $j>2$ 时,存在幺正变换 $U|0,j\rangle=|j,0\rangle$ 变换,且

$$U|0,1\rangle=|1,2\rangle \quad U|0,2\rangle=|2,1\rangle$$
$$U|1,2\rangle=|2,0\rangle \quad U|2,1\rangle=|1,0\rangle$$

(7.64)

该幺正算子在量子态 $|j,0\rangle$ 上的操作同之前一样。U 变换下的游走也便于分析,因为它始终在完备 Hilbert 空间中的某个五维子空间中。定义量子态

$$|\psi_1\rangle=\frac{1}{\sqrt{2}}(|0,1\rangle+|0,2\rangle)$$

$$|\psi_2\rangle=\frac{1}{\sqrt{2}}(|1,0\rangle+|2,0\rangle)$$

$$|\psi_3\rangle=\frac{1}{\sqrt{N-2}}\sum_{j=3}^{N}|0,j\rangle$$

(7.65)

$$|\psi_4\rangle=\frac{1}{\sqrt{N-2}}\sum_{j=3}^{N}|j,0\rangle$$

$$|\psi_5\rangle=\frac{1}{\sqrt{2}}(|1,2\rangle+|2,1\rangle)$$

这些量子态扩成的一个五维空间称为 S。幺正变换 U 使得量子比特向前游走一

步，作用在上述量子态的情况如下：

$$U|\psi_1\rangle=|\psi_5\rangle$$
$$U|\psi_2\rangle=-(r-t)|\psi_1\rangle+2\sqrt{rt}|\psi_3\rangle$$
$$U|\psi_3\rangle=|\psi_4\rangle \tag{7.66}$$
$$U|\psi_4\rangle=(r-t)|\psi_3\rangle+2\sqrt{rt}|\psi_1\rangle$$
$$U|\psi_5\rangle=|\psi_2\rangle$$

选择初始态

$$|\psi_{init}\rangle=\frac{1}{\sqrt{2N}}\sum_{j=1}^{N}(|0,j\rangle-|j,0\rangle)$$

$$=\frac{1}{\sqrt{N}}(|\psi_1\rangle-|\psi_2\rangle)+\sqrt{\frac{N-2}{2N}}(|\psi_3\rangle-|\psi_4\rangle) \tag{7.67}$$

它们位于 S 当中。因为初始态在 S 中，且 S 是 U 的一个可逆子空间，整个游走过程都在 S 中完整保留，且此时的情况与之前的分析类似，此时搜索对初始态的要求比之前更严格。但是原先没有提到，在之前的搜索中，也可以将所有叠加输入态，而不是将所有输出态视作初始态。在这种情况下，初始态的第一个表达式中的减号是至关重要的；如果用加号替换，搜索将失败。

　　为了求出在此游走当中量子态的演化过程，同之前一样，在 S 中求出 U 的本征态和本征值。在 S 当中 U 变换的矩阵表示为

$$M=\begin{bmatrix} 0 & -(r-t) & 0 & 2\sqrt{rt} & 0 \\ 0 & 0 & 0 & 0 & 1 \\ 0 & 2\sqrt{rt} & 0 & (r-t) & 0 \\ 0 & 0 & 1 & 0 & 0 \\ 1 & 0 & 0 & 0 & 0 \end{bmatrix} \tag{7.68}$$

矩阵的本征方程为

$$\lambda^5-(r-t)\lambda^3+(r-t)\lambda^2-1=0 \tag{7.69}$$

该方程的单根解为 $\lambda=1$，如果从上式当中分离分子 $(\lambda-1)$，式子将变成

$$\lambda^4+\lambda^3+2t\lambda^2+\lambda+1=0 \tag{7.70}$$

同之前一样，用微扰迭代法来求方程的根，其中传输率 t 为小参数。令 $t=0$ 时，方程的零阶解可求，定义 N 无穷大，得到

$$\lambda^4+\lambda^3+\lambda+1=(\lambda+1)(\lambda^3+1)=0 \tag{7.71}$$

因此，零阶根为 $-1,-1,e^{i\pi/\Delta}$ 和 $e^{-i\pi/\Delta}$。令 $\lambda=-1+\delta\lambda$，代入上式，保留 $(\delta\lambda)^2$ 项，得到

$$3(\delta\lambda)^2-4t\delta\lambda+2t=0 \tag{7.72}$$

方程解保留了最低阶项

$$\delta\lambda = \pm i\sqrt{\frac{2t}{3}} = O(N^{-1/2}) \tag{7.73}$$

如果令 $\lambda = e^{\pm i\pi/3} + \delta\lambda$，得到 $\delta\lambda = O(N^{-1})$，因此这些根和对应的本征值没有太大作用，因为它们无法得到一个平方级加速。

现在要求本征矢。如果本征矢的分量表示为 x_j，其中 $j = 1, \cdots, 5$，则本征矢方程为

$$\begin{aligned}
-(r-t)x_4 + 2\sqrt{rt}\,x_4 &= (-1 \pm i\Delta)x_1 \\
x_5 &= (-1 \pm i\Delta)x_2 \\
2\sqrt{rt}\,x_2 + (r-t)x_4 &= (-1 \pm i\Delta)x_3 \\
x_3 &= (-1 \pm i\Delta)x_4 \\
x_1 &= (-1 \pm i\Delta)x_5
\end{aligned} \tag{7.74}$$

其中 $\Delta = (2t/3)^{1/2}$。最低阶（其中小于等于 $1/\sqrt{N}$ 阶的项被舍弃）本征值为 $-1 + i\Delta$ 的本征矢为

$$|v_1\rangle = \frac{1}{\sqrt{6}}\begin{pmatrix} 1 \\ 1 \\ -i\sqrt{3/2} \\ i\sqrt{3/2} \\ -1 \end{pmatrix} \tag{7.75}$$

本征值为 $-1 - i\Delta$ 的本征矢为

$$|v_2\rangle = \frac{1}{\sqrt{6}}\begin{pmatrix} 1 \\ 1 \\ i\sqrt{3/2} \\ -i\sqrt{3/2} \\ -1 \end{pmatrix} \tag{7.76}$$

可以发现，对于 $N^{-1/2}$ 阶项，初始态可以表示为

$$|\psi_{init}\rangle = \frac{i}{\sqrt{2}}(|v_1\rangle - |v_2\rangle) \tag{7.77}$$

$|v_1\rangle$ 和 $|v_2\rangle$ 对应的本征值可以表示为

$$-1 + i\Delta \cong -e^{-i\Delta} \qquad -1 - i\Delta \cong -e^{i\Delta} \tag{7.78}$$

n 步游走后初始量子态变为

$$U^n \mid \psi_{init} \rangle = \frac{(-1)^n}{\sqrt{3}} \begin{pmatrix} \sin(n\Delta) \\ \sin(n\Delta) \\ \sqrt{3/2}\cos(n\Delta) \\ -\sqrt{3/2}\cos(n\Delta) \\ -\sin(n\Delta) \end{pmatrix} \tag{7.79}$$

从式中可以发现当 $n\Delta = \pi/2$ 时，粒子位于指向外边的某一条边上或者外边本身。当 $n = O(\sqrt{N})$ 时这种情况会出现。

现在要讨论如何解释这一结果。假设给定一个图，图中和外边相连的边的位置是不确定的，目前只有关于和中心点相连接的边的信息，没有关于和外边相连的边的信息（如果和外边相连的边的信息已知，则其位置可知。）即在测量过程中，只能确定粒子位于外顶点和中心点相连的某条边上。如果粒子位于和外边相连的边上，就无法检测到粒子。因此，n 步游走后，且 $n\Delta = \pi/2$ 时，通过测量某一条信息已知的边来确定粒子的位置。粒子有 2/3 的概率位于和外边相连接的边上，有 1/3 的概率位于外边上，在后一种情况下无法检测到粒子。

将此过程和搜索和外边相连的边的经典方法相比较，可以假设在经典模式当中，该图由邻接表所确定，邻接表是稀疏图的一种有效规范形式。对于图中的每一个顶点，可以通过一条边列出所有与它相连的顶点。在本章的情况下，中心顶点和其他所有顶点相连，和外边不相连的顶点只和中心顶点相连，两个外顶点既和中心顶点相连又互连。用经典方法搜索此表，需要计算复杂度为 $O(N)$ 的游走次数才能找到和外边相连的边，但是通过量子搜索过程只需要计算复杂度为 $O(\sqrt{N})$ 的游走次数就能成功。因此，量子游走可以实现平方级加速。

目前仅是检验了量子游走在搜索问题当中的应用，但是它们也可以在其他算法中发挥作用。元素区分就是一个例子。假设有一个暗盒函数，输入 x，输出为 $f(x)$，但具体函数未知。只能通过输入一个值得到输出值。当前任务是求存在两个输入，使得输出相同。可以通过一种量子游走方法来实现，这种游走要求对暗盒的调用次数要低于经典计算机的调用次数。还可以利用量子游走去估算某一特定类型的 Boolean 方程，同样比经典计算机需要的函数调用次数更少。

7.7 问题

1.假设有一个星图，其中某个外顶点上有一个环，该点称为顶点 1，其他顶点只是进行粒子反射操作，$j>1$ 时 $U\mid 0,j\rangle = \mid j,0\rangle$。该环所对应的量子态标记为 $\mid l_1\rangle$。存在一个幺正算子使得 $U\mid 0,1\rangle = \mid l_1\rangle$ 且 $U\mid l_1\rangle = \mid 1,0\rangle$。证明以式（7.67）中的初始态开始粒子游走，在经过计算复杂度为 $O(\sqrt{N})$ 的游走次数后，粒子将位于环上，且粒子初始所在边与环相连。

2.假设有一个作用在两个量子比特上的受控-U门。量子比特a是控制比特，量子比特b是目标比特，当$j=0,1$时有$|0\rangle_a|j\rangle_b \rightarrow |0\rangle_a|j\rangle_b$且$|1\rangle_a|j\rangle_b \rightarrow |1\rangle_a U|j\rangle_b$。假设$U$的本征值为$\pm 1$。现在任务是只执行一次量子门产生两个量子比特，其中一个本征值为$+1$,本征态为$|u_+\rangle$,另一个本征值为-1,本征态为$|u_-\rangle$。证明，通过利用单重态的旋转不变性，可以得到

$$|\varphi_s\rangle = \frac{1}{\sqrt{2}}(|0\rangle|1\rangle - |1\rangle|0\rangle)$$

如果替换成一个三量子态

$$|\Psi_{in}\rangle_{abc} = |+x\rangle_a|\varphi_s\rangle_{bc}$$

将量子比特a和b输入受控-U门，并对量子比特a进行合适的测量，则当中剩下的一个量子比特将变成$|u_+\rangle$,剩下的另一个量子比特将变成$|u_-\rangle$,并且还可以得到每个量子比特对应的量子态。

3.假设用一个暗盒估算 Boolean 函数 $f(x)$,其中 x 是一个 n 位比特串$x_1,x_2,\cdots,x_n$。该函数是变量x_j中线性项和二次项的和，并且每一个变量只在一个项中出现。考虑一个函数 $f(x)+f(\bar{x})$,其中 $\bar{x}$ 是一个 n 位数$x_1+1,x_2+1,\cdots,x_n+1$,证明通过 Bernstein-Vazirani 算法，只需两次函数计算就可以确定哪一个变量出现在根号项当中。并求出在经典情况当中需多少次运算？

参考文献

[1] R. Cleve, A. Ekert, C. Macchiavello, M. Mosca, Quantum algorithms revisited. Proc. R. Soc.Lond. A 454, 339(1998)

[2] E. Bernstein, U. Vazirani, Quantum complexity theory. SIAM J. Comput. 26, 1411(1997)

[3] L. K. Grover, Quantum mechanics helps in searching for a needle in a haystack. Phys. Rev. Lett.79, 325(1997)

[4] D. Aharonov, A. Ambainis, J. Kempe, U. Vazirani, Quantum walks on graphs. In *Proceedings of the 33rd Symposium on the Theory of Computing (STOC01)* (ACM Press, New York, 2001),pp. 50-59 and quant-ph/0012090

[5] E. Feldman, M. Hillery, H.-W. Lee, D. Reitzner, H. Zheng, V. Bužek, Finding structural anomalies in graphs by means of quantum walks. Phys. Rev. A 82, 040302R(2010)

[6] A.M. Childs, W. van Dam, Quantum algorithms for algebraic problems. Rev. Mod. Phys. 82,1(2010)

第 8 章　量子计算机

8.1　介绍

如果给定一种特定量子态下的量子比特形式表示的量子信息,便可对量子比特做一系列逻辑门操作来实现量子信息处理。由一组特定逻辑门构成的量子计算机可以通过特殊方法实现对量子比特加密信息的操作。量子计算机不仅可以实现简单的操作任务,如果它是可编程的,就可以实现多种任务,视具体程序而定。

本章将研究几类不同的量子计算机,首先是量子克隆机和通用非门(或者简称为 U‑NOT 门),它们属于简易计算机且都能实现一些简单的任务。接下来重点研究可编程计算机。首先证明一个普遍结论,即不存在确定且通用的可编程量子处理器。随后将检测两种不同的概率性可编程计算机的性能。第一种计算机采用与克隆机相同的量子线路。同时将举例证明它是如何在任意的基中实现一个相位门操作,基底通过程序给出。第二种可以无错区分两个量子态,并用程序表示两个量子态,而非通过硬线连入计算机中。

8.2　克隆机与通用非门

正如所见,不可能构造一个完美克隆量子态的设备。但是,如果放宽复制条件,就有可能复制量子信息。第二种不可能完美实现的操作是通用非操作。在理想情况下,通用非操作可以将一个处于任意量子态的量子比特 $|\psi\rangle = \alpha|0\rangle + \beta|1\rangle$ 转变成一个正交态 $|\psi_\perp\rangle = \beta^*|0\rangle - \alpha^*|1\rangle$。该操作基于复共轭原理。完美的通用非操作是一个非幺正化操作,但规定量子操作必须是幺正化的。尽管如此,还是可以构建一个近似通用非门,并且证明近似克隆机和近似通用非门之间关系密切。

首先研究克隆机,考虑图 8‑1 中所示的电路。

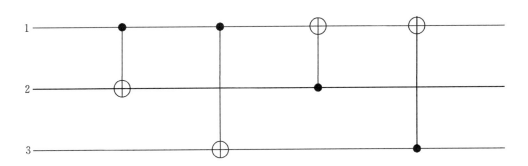

图 8-1　克隆机的量子线路

该线路由四个作用在三个量子比特上的受控非门构成,1 号量子比特为输入量子比特,是待复制的量子态。为了解其工作原理,将研究剩余的两个量子态在不同输入情况下的变化情况。定义如下的双量子态

$$|\Xi_{00}\rangle = \frac{1}{\sqrt{2}}(|0\rangle|0\rangle + |1\rangle|1\rangle)$$

$$|\Xi_{0x}\rangle = \frac{1}{\sqrt{2}}|0\rangle(|0\rangle + |1\rangle) \tag{8.1}$$

如果量子比特 1 的量子态为 $|\psi\rangle_1$ 且量子比特 2 和 3 是上述两种量子态之一,则该克隆线路存在如下变换

$$|\psi\rangle_1|\Xi_{00}\rangle_{23} \rightarrow |\psi\rangle_1|\Xi_{00}\rangle_{23}$$

$$|\psi\rangle_1|\Xi_{0x}\rangle_{23} \rightarrow |\psi\rangle_2|\Xi_{00}\rangle_{13} \tag{8.2}$$

通过对上式验证,发现在第一种情况下,第一个量子比特的量子信息出现在输出端 1,在第二种情况下,第一个量子比特的量子信息出现在输出端 2,所以该线路的作用是移动第一个量子比特的量子信息,移动后的位置由输入端 2 和 3 的量子态所决定。这意味着如果发送到输入端 2 和 3 的量子态即非 $|\Xi_{00}\rangle$ 也非 $|\Xi_{0x}\rangle$,而是二者的线性组合,则第一个量子比特的量子信息将会以叠加态的形式出现在输出端 1 和输出端 2 当中,从而实现量子态的克隆。这就是实际情况。如果选择

$$|\Psi\rangle_{23} = c_0|\Xi_{00}\rangle_{23} + c_1|\Xi_{0x}\rangle_{23} \tag{8.3}$$

作为量子比特 2 和量子比特 3 的输入态,为方便计算,将 c_0 和 c_1 视作实数,且 $c_0^2 + c_1^2 + c_0 c_1 = 1$,则量子态将归一化,输出端 1 和输出端 2 的约化密度矩阵为

$$\rho_1^{(\text{out})} = (c_0^2 + c_0 c_1)|\psi\rangle\langle\psi| + \frac{c_1^2}{2}I$$

$$\rho_2^{(\text{out})} = (c_1^2 + c_0 c_1)|\psi\rangle\langle\psi| + \frac{c_0^2}{2}I \tag{8.4}$$

注意到,通过调整 c_0 和 c_1 的值,可以控制每一个输出端 $|\psi\rangle$ 的信息输出概率。特别是,如果令 $c_0=c_1=1/\sqrt{3}$,信息输出概率将相同,且有

$$\rho_1^{(\mathrm{out})}=\rho_2^{(\mathrm{out})}=\frac{5}{6}|\psi\rangle\langle\psi|+\frac{1}{6}|\psi_\perp\rangle\langle\psi_\perp| \tag{8.5}$$

其中, $|\psi_\perp\rangle$ 和 $|\psi\rangle$ 正交。因此,克隆机相对于理想输出态 $\rho_1^{(\mathrm{out})}$ (或者 $\rho_2^{(\mathrm{out})}$,因为在此情况下二者相同)的保真度可以通过 $\langle\psi|\rho_1^{(\mathrm{out})}|\psi\rangle$ 得到,为 $5/6$。保真度为 1 意味着完美克隆,所以这是一个产生两个相同输入量子比特的高保真设备。注意到保真度不取决于输入态,即所有量子态都是遵循相同的克隆原理。克隆机的这种特性被称为普适性。

注意到克隆机是对三量子比特进行操作,目前只讨论了其中两个量子比特的最终输出态,则第三个量子比特的输出态是否有意义。这实际上就与通用非门有关。第三个量子比特的输出态为

$$\rho_3^{(\mathrm{out})}=c_0c_1|\psi^*\rangle\langle\psi^*|+\frac{1}{2}(1-c_0c_1)I \tag{8.6}$$

其中, $|\psi^*\rangle=\alpha^*|0\rangle+\beta^*|1\rangle$ 且 I 是一个二乘二的单位矩阵。如果将一个幺正算子 $U_0=-\mathrm{i}\sigma_y$,其中 $U_0|0\rangle=-|1\rangle$, $U_0|1\rangle=|0\rangle$ 作用在此单位矩阵上,根据 $I=|\psi\rangle\langle\psi|+|\psi_\perp\rangle\langle\psi_\perp|$,可以得到

$$U_0\rho_3^{(\mathrm{out})}U_0^{-1}=\frac{1}{2}(1+c_0c_1)|\psi_\perp\rangle\langle\psi_\perp|+\frac{1}{2}(1-c_0c_1)|\psi\rangle\langle\psi| \tag{8.7}$$

当 $c_0=c_1=1/\sqrt{3}$ 时,该式变成

$$U_0\rho_3^{(\mathrm{out})}U_0^{-1}=\frac{2}{3}|\psi_\perp\rangle\langle\psi_\perp|+\frac{1}{3}|\psi\rangle\langle\psi| \tag{8.8}$$

这实际上是正交于输入量子比特的量子态可以达到的最佳近似值,这里不作证明。注意到输出端的理想输出态 $|\psi_\perp\rangle$ 的保真度为 $2/3$。因此,第三个输出端附加 U_0 门的克隆机不仅能够克隆量子态,也能够实现最佳近似的通用非门操作。

现在可以通过测量原量子比特获得同样的通用非门操作结果。在二维 Hilbert 空间中用随机方向矢量测量 $|\psi\rangle$

$$|\eta\rangle=\cos(\theta/2)|0\rangle+\mathrm{e}^{i\varphi}\sin(\theta/2)|1\rangle \tag{8.9}$$

即对投影算子 $|\eta\rangle\langle\eta|$ 进行测量。如果得到结果 1,就得到量子态 $|\eta_\perp\rangle$,其中

$$|\eta_\perp\rangle=\mathrm{e}^{-i\varphi}\sin(\theta/2)|0\rangle-\cos(\theta/2)|1\rangle \tag{8.10}$$

如果得到 0,得到量子态 $|\eta\rangle$。输出态的密度矩阵为

$$\rho^{(\mathrm{out})}(\eta)=|\langle\psi|\eta\rangle|^2|\eta_\perp\rangle\langle\eta_\perp|+|\langle\psi|\eta_\perp\rangle|^2|\eta\rangle\langle\eta| \tag{8.11}$$

如果对 η 取平均值,发现

$$\rho^{(\text{out})} = \frac{1}{4\pi} \int_0^{2\pi} d\varphi \int_0^{\pi} d\theta \sin(\theta) \, \rho^{(\text{out})}(\eta)$$

$$= \frac{2}{3} |\psi_\perp\rangle\langle\psi_\perp| + \frac{1}{3} |\psi\rangle\langle\psi| \tag{8.12}$$

因此,可以用两种不同的方法近似实现最佳通用非门,一种是克隆线路,另一种是测量任意方向的矢量,然后产生一个反向量子比特。

人们会质疑,是否存在类似策略用于量子克隆。即测量者用任意方向的量子比特 $|\eta\rangle$ 测量原量子比特,如果结果为 1,则产生两个量子态为 $|\eta\rangle|\eta\rangle$ 的量子比特,如果结果为 0,则产生两个量子态为 $|\eta_\perp\rangle|\eta_\perp\rangle$ 的量子比特。该过程不同于通用非门,它产生的结果非最佳情况。对 η 取平均值后,输出态相对于理想输出态 $|\psi\rangle|\psi\rangle$ 的保真度是 $2/3$,小于克隆线路 $5/6$ 的保真度。

8.3　可编程计算机:一般化结果

现在考虑可编程量子计算机,它一般称作量子处理器。可编程计算机与实现单一函数的计算机相比有许多优点。首先,可编程计算机更加灵活。只需调整程序就可以改变量子计算机的操作功能,而不用重新构建整个量子线路。其次,利用程序态的叠加性原理,可编程量子计算机能够实现在一组数据上同时进行多个操作,每一个叠加量相当于一个不同的操作。可编程计算机有两个输入端,一个端口输入待操作数据,另一个端口输入用于区分作用在数据上的算子的程序。输入数据和输入程序都是量子态形式。需要说明的是,处理器是一个作用在 Hilbert 空间 $\mathcal{H}_d \otimes \mathcal{H}_p$ 上的幺正算子,其中 $\mathcal{H}_d$ 是数据 Hilbert 空间,$\mathcal{H}_p$ 是程序 Hilbert 空间。理想情况下,量子处理器能够对任意作用在数据上的幺正算子进行编程。例如,如果的数据空间是二维的,则就能够对 $SU(2)$ 当中每个元素进行编程。这类处理器是通用的,即可以对一个量子比特进行任意确定的幺正操作。遗憾的是,Nielsen 和 Chuang 证明,实际中无法构造这样的处理器。

为了证明这一点,有必要对输入端进行检验,目的是在数据上执行一组给定操作是很有必要的,Nielsen 和 Chuang 证明如果程序态 $|\Xi_1\rangle_p \in \mathcal{H}_p$ 在数据态上执行一个幺正操作 U_1,并且程序态 $|\Xi_2\rangle_p \in \mathcal{H}_p$ 在数据态上执行一个幺正操作 U_2,则 $_p\langle\Xi_1|\Xi_2\rangle_p = 0$。这意味着,处理器可以对数据态作用任意一个幺正操作,只需在程序空间中增加一个额外维度。因为在 $SU(2)$ 中幺正操作的数量无限大,但程序空间是有限或有限可数的,无法实现每个操作。

现在证明确定性可编程量子处理器的不可行定理。假设该处理器用一个幺正算子 G 表示,在 Hilbert 空间 $\mathcal{H}_d \otimes \mathcal{H}_p$ 中运行,其中 $\mathcal{H}_d$ 是数据空间,$\mathcal{H}_p$ 是程序空间。

假设在 $\mathcal{H}_d$ 中有一个程序 $|\Xi_1\rangle_p \in \mathcal{H}_p$，对数据态执行幺正操作 U_1，特别地

$$G(|\psi\rangle_d \otimes |\Xi_1\rangle_p) = U_1|\psi\rangle_d \otimes |\Xi'_1\rangle_p \tag{8.13}$$

现在，程序空间的输出取决于输入数据 $|\psi\rangle_d$ 的量子态。为了证明事实并非如此，假设

$$G(|\psi_1\rangle_d \otimes |\Xi_1\rangle_p) = U_1|\psi_1\rangle_d \otimes |\Xi'_1\rangle_p$$
$$G(|\psi_2\rangle_d \otimes |\Xi_1\rangle_p) = U_1|\psi_2\rangle_d \otimes |\Xi''_1\rangle_p \tag{8.14}$$

通过对上述式子等号左边和右边作相同内积运算，并假设 $_d\langle\psi_2|\psi_1\rangle_d \neq 0$，有 $_p\langle\Xi'_1|\Xi'_1\rangle_p = 1$，这便意味着两个输出端的程序态完全相同。

现在假设程序态 $|\Xi_1\rangle_p$ 执行算子 U_1 操作，程序态 $|\Xi_2\rangle_p$ 执行算子 U_2 操作，可以得到

$$G(|\psi\rangle_d \otimes |\Xi_1\rangle_p) = U_1|\psi\rangle_d \otimes |\Xi'_1\rangle_p$$
$$G(|\psi\rangle_d \otimes |\Xi_2\rangle_p) = U_2|\psi\rangle_d \otimes |\Xi'_1\rangle_p \tag{8.15}$$

对上式作内积运算可以发现

$$_p\langle\Xi_2|\Xi_1\rangle_p = {}_d\langle\psi|U_2^{-1}U_1|\psi\rangle_d {}_p\langle\Xi'_2|\Xi'_1\rangle_p \tag{8.16}$$

现在检验 $_p\langle\Xi'_2|\Xi'_1\rangle_p \neq 0$ 和 $_p\langle\Xi'_2|\Xi'_1\rangle_p = 0$ 这两种情况，如果 $_p\langle\Xi'_2|\Xi'_1\rangle_p \neq 0$ 则有

$$\frac{_p\langle\Xi_2|\Xi_1\rangle_p}{_p\langle\Xi'_2|\Xi'_1\rangle_p} = {}_d\langle\psi|U_2^{-1}U_1|\psi\rangle_d \tag{8.17}$$

并注意到式子左边不取决于 $|\psi\rangle_d$，右边也如此。这意味着 $U_2^{-1}U_1$ 与单位矩阵成正比，由于两个算子都是幺正化的，必须有 $U_2 = e^{i\theta}U_1$ 且 θ 介于 0 到 2π 之间。另一方面，如果 $_p\langle\Xi'_2|\Xi'_1\rangle_p = 0$，则必须有 $_p\langle\Xi_2|\Xi_1\rangle_p = 0$。总结一下，如果 U_1 和 U_2 不同，即互不成比例关系，则它们必须符合正交程序态。因此，该程序空间的维度必须不小于处理器可操作的幺正算子的数目。

类似推理可以用来证明采用测量的确定性方案也是不可行的，该方案可称为测量-纠正方案。假设向处理器发送一个程序和一个数据，在输出端用一个给定的基测量程序态。每一个测量结果对应作用在不同数据态上的幺正算子，但是每个程序态测量后对应的算子可通过同样的方式互相关联。这意味着对于任何程序态，如果没有得到预期的测量结果，可以通过施加一个不受程序态影响的算子来纠正测量后的输出态。

来看一个简单的例子，假设数据空间和程序空间都是二维的，处理器会执行下列操作：

$$G(|\psi\rangle_d \otimes |\Xi_1\rangle_p) = \frac{1}{\sqrt{2}}(U_1|\psi\rangle_d \otimes |0\rangle_p + VU_1|\psi\rangle_d \otimes |1\rangle_p)$$

$$G(|\psi\rangle_d \otimes |\Xi_2\rangle_p) = \frac{1}{\sqrt{2}}(U_2|\psi\rangle_d \otimes |0\rangle_p + VU_2|\psi\rangle_d \otimes |1\rangle_p) \tag{8.18}$$

其中,V 是一个给定的幺正算子,此类处理器可以在数据态上精确执行四个不同的幺正算子操作,U_1,VU_1,U_2 和 VU_2。例如,假设要执行一个 U_1 操作。选择程序态 $|\Xi_1\rangle$,并用一组基 $\{|0\rangle,|1\rangle\}$ 对其进行测量。如果结果为 $|0\rangle$,则测量成功,如果结果为 $|1\rangle$,则对数据态执行一个 V^{-1} 变换。无论在哪种情况下,都会得到输出态 $U_1|\psi\rangle_d$。由此还能得到线性叠加态 $c_1U_1+c_2U_2$ 和 $c_1VU_1+c_2VU_2$,其中 c_1 和 c_2 是复数。似乎这里不可行定理被推翻了,因为可以用一个二维程序空间实现四个幺正算子操作,但这并不成立。如果对上述两式等号两边进行内积运算,发现

$$_p\langle\Xi_1|\Xi_2\rangle_p = {}_d\langle\psi|U_1^{-1}U_2|\psi\rangle_d \tag{8.19}$$

式(8.19)左边并不取决于 $|\psi\rangle_d$,该结果与之前相同,意味着 U_1 和 U_2 通过一个相位因子相联系,且二者对应的程序态之间成比例关系。因此,通过这种方法只能实现两种算子操作,U_1 和 VU_1,但却无法获得其他信息。

8.4　概率性处理器

8.3 节中证明的不可行结论只适用于确定性处理器。如果是概率性处理器,上述的限制条件就不再适用。先通过一个简单的例子来解释一下,然后再用复杂的例子进行说明。假设数据系统是一个量子比特,并且要实现一个参数组转换,$U(\alpha)=\exp(i\alpha\sigma_z)$,其中 $0\leqslant\alpha\leqslant 2\pi$。可以用一个量子比特程序和一个受控非门实现,成功转换的概率为 1/2。受控非门有两个输入端,一个是控制输入,一个是目标输入,这里将目标量子比特视作程序态,将控制量子比特视作数据态。程序态可以表示为

$$|\Xi(\alpha)\rangle = \frac{1}{\sqrt{2}}(e^{i\alpha}|0\rangle + e^{-i\alpha}|1\rangle) \tag{8.20}$$

如果输入数据态是 $|\psi\rangle$,则处理器的输出是

$$|\Psi_{out}\rangle = \frac{1}{\sqrt{2}}(U(\alpha)|\psi\rangle|0\rangle + U^{-1}(\alpha)|\psi\rangle|1\rangle) \tag{8.21}$$

用一组基 $\{|0\rangle,|1\rangle\}$ 测量输出程序态,且只保留测量结果为 $|0\rangle$ 的情况,此概率为 1/2,便得到输出数据态 $U(\alpha)|\psi\rangle$,这是理想结果。注意到在这种情况下,该处理器变成了一个单处理器,它包含一个单量子比特程序空间,一个连续转换组。其代价是每次操作后转换成功概率仅为 1/2。

现在研究一个更复杂的例子。回到原来的情况,考虑一个近似克隆机的三量子比特线路。现在量子比特 1 是数据态,量子比特 2 和量子比特 3 是程序态。定义数据态为 $|\psi\rangle_1$,程序态为 $|\Xi\rangle_{23}$。定义如下的 Bell 态

$$|\Psi_{\pm}\rangle = \frac{1}{\sqrt{2}}(|00\rangle \pm |11\rangle)$$

$$|\Phi_{\pm}\rangle = \frac{1}{\sqrt{2}}(|01\rangle \pm |10\rangle) \qquad (8.22)$$

如果将这些量子态视作处理器中的程序,则有

$$|\psi\rangle_1 |\Psi_+\rangle_{23} \rightarrow |\psi\rangle_1 |\Psi_+\rangle_{23}$$
$$|\psi\rangle_1 |\Psi_-\rangle_{23} \rightarrow \sigma_z |\psi\rangle_1 |\Psi_-\rangle_{23}$$
$$|\psi\rangle_1 |\Phi_+\rangle_{23} \rightarrow \sigma_x |\psi\rangle_1 |\Phi_+\rangle_{23} \qquad (8.23)$$
$$|\psi\rangle_1 |\Phi_-\rangle_{23} \rightarrow (-i\sigma_y) |\psi\rangle_1 |\Phi_-\rangle_{23}$$

其中σ_x,σ_y和σ_z是 Pauli 矩阵。假设要作用一个算子

$$U_\varphi = |\varphi_\perp\rangle\langle\varphi_\perp| - |\varphi\rangle\langle\varphi| = I - 2|\varphi\rangle\langle\varphi| \qquad (8.24)$$

其中$|\varphi\rangle$和$|\varphi_\perp\rangle$是可区分且互相正交的单量子比特态。算子U_φ类似于σ_z,但是不同于σ_z对量子态$|1\rangle$进行相位翻转,对量子态$|0\rangle$不做改变,它对量子态$|\varphi\rangle$进行相位翻转,对量子态$|\varphi_\perp\rangle$不做改变。为了找到这样的一个程序态来实现该算子,先将其表示为 Pauli 矩阵的形式。令$|\varphi\rangle = \mu|0\rangle + v|1\rangle$,得到

$$U_\varphi = -(\mu v^* + \mu^* v)\sigma_x + (\mu v^* - \mu^* v)(-i\sigma_y) + (|v|^2 + |\mu|^2)\sigma_z \qquad (8.25)$$

现在可以对$|\psi\rangle_1$执行一个U_φ操作,通过发送一个程序态

$$|\Xi_\varphi\rangle = -(\mu v^* + \mu^* v)|\Phi_+\rangle_{23} + (\mu v^* - \mu^* v)|\Phi_-\rangle_{23} + (|v|^2 + |\mu|^2)|\Psi_-\rangle_{23} \qquad (8.26)$$

并测量输出态是否为$(|\Phi_+\rangle_{23} + |\Phi_-\rangle_{23} + |\Phi_-\rangle_{23})/\sqrt{3}$的形式。出现这种情况的概率为 1/3。当得到这一结果后,输出端的数据态就变成了$U_\varphi|\psi\rangle_1$。注意到测量过程和成功概率都不取决于量子态$|\varphi\rangle$,可以用一种更简明的形式表示程序矢量,只需引入一个算子U_{in},定义如下

$$U_{in}|00\rangle = -|10\rangle \qquad U_{in}|10\rangle = -|11\rangle$$
$$U_{in}|01\rangle = |00\rangle \qquad U_{in}|11\rangle = |01\rangle \qquad (8.27)$$

程序态可以表示为

$$|\Xi\rangle_{23} = \frac{1}{\sqrt{2}} U_{in}(|\varphi\rangle_2 |\varphi_\perp\rangle_3 + |\varphi_\perp\rangle_2 |\varphi\rangle_3) \qquad (8.28)$$

总而言之,通过该设备可以实现在任意基中的相位翻转操作,其中基通过程序态来区分。

现在回到简单的受控非门处理器。假设要提高测量成功的概率,可以在程序态测量出错后再次尝试。如果测量结果为$|1\rangle$则数据态为$U^{-1}(\alpha)|\varphi\rangle$。可以将数据态继续输入并运行一次,但是这次使用的程序态为$|\Xi(2\alpha)\rangle$。此时的输出态为

$$|\Psi'_{\text{out}}\rangle = \frac{1}{\sqrt{2}}(U(\alpha)|\psi\rangle|0\rangle + U^{-1}(3\alpha)|\psi\rangle|1\rangle) \tag{8.29}$$

再次测量程序态,如果得到结果$|0\rangle$就保留结果。其概率为 $1/2$,加上第一次的成功概率,总的成功概率将增加到 $3/4$,且该过程可以一直重复,直到接近期望的成功概率。现在只需要在合适的程序态中收集量子比特,即除了需要收集程序态$|\Xi(\alpha)\rangle$中的量子比特外,还需要在程序态$|\Xi(2\alpha)\rangle$中找到一个额外的量子比特。

还可以通过扩大程序空间实现同样的操作。数据空间仍然由一个量子比特构成,但是程序空间包含两个量子比特。标记三个输入量子比特:输入 1 是数据量子比特,输入 2 是第一程序量子比特,输入 3 是第二程序量子比特。现在处理器有两个逻辑门。第一个逻辑门是受控非门,其中量子比特 1 是控制量子比特,量子比特 2 是目标量子比特。第二个逻辑门是 Toffoli 门,该逻辑门有两个控制量子比特和一个目标量子比特。控制量子比特的量子态不会改变,如果其量子态形式为$|0\rangle|0\rangle$,$|0\rangle|1\rangle$或者$|1\rangle|0\rangle$,则目标量子比特也不会改变。但是,如果是量子态$|1\rangle|1\rangle$,则σ_x将会作用于目标量子比特上。在此处理器中,量子比特 1 和 2 是控制量子比特,量子比特 3 是目标量子比特。输入态是$|\psi\rangle_1|\Xi(\alpha)\rangle_2|\Xi(2\alpha)\rangle_3$,则输出态为

$$|\Psi''_{\text{out}}\rangle = \frac{1}{2}[U(\alpha)|\psi\rangle_1(|0\rangle_2|0\rangle_3 + |0\rangle_2|1\rangle_3 + |1\rangle_2|0\rangle_3) + \tag{8.30}$$
$$U^{-1}(3\alpha)|\psi\rangle|1\rangle_2|1\rangle_3]$$

在输出端用标准基测量程序态,测量结果为$|0\rangle|0\rangle$,$|0\rangle|1\rangle$或者$|1\rangle|0\rangle$时,保留输出数据态。该操作输出的数据位于量子态$U(\alpha)|\psi\rangle$中,此时操作结束。出现这种情况的概率为 $3/4$。可以增加程序空间的维度来增加成功概率。因此,目前讨论了两种增加概率性处理器测量成功概率的策略。

8.5　可编程量子态分辨器

在前面的章节中,已经讨论了无错区分策略。给定某个量子比特,并且其量子态为两种已知的$|\psi_1\rangle$或者$|\psi_2\rangle$之一,并要确定量子态的种类。无错区分策略不能出现测量错误的情况,但是允许出现测量失败的情况。之前已证明存在一个最优 POVM 实现该任务。它会产生三种结果:$|\psi_1\rangle$,$|\psi_2\rangle$,失败。最优 POVM 可以将失败概率最小化。

实际量子态分辨器,是对两个取决于$|\psi_1\rangle$和$|\psi_2\rangle$的已知量子态实现最佳 POVM,即这两个量子态是"硬接线"连入计算机的。现在要构建一个计算机,$|\psi_1\rangle$和$|\psi_2\rangle$的信息以程序态形式出现。特别地,要让程序包含一个可区分的双量子态。

换言之,给定两个量子比特:一个是 $|\psi_1\rangle$,另一个是 $|\psi_2\rangle$。$|\psi_1\rangle$ 和 $|\psi_2\rangle$ 的情况未知。现在引入第三个量子比特,确保其存在于两个程序态当中,现在的任务是最大程度上确定第三个量子比特所在的位置。可以出现无法区分的情况,但不允许出现区分错误的情况。

为解决该问题,需要找到一个 POVM,任务就简化成为如下的最佳测量问题。目前有两个输入态:

$$|\Psi_1^{\text{in}}\rangle = |\psi_1\rangle_A |\psi_2\rangle_B |\psi_1\rangle_C$$
$$|\Psi_2^{\text{in}}\rangle = |\psi_1\rangle_A |\psi_2\rangle_B |\psi_2\rangle_C \qquad (8.31)$$

其中下标 A 和 B 代表程序寄存器(A 包含量子比特 $|\psi_1\rangle$ 且 B 包含量子比特 $|\psi_2\rangle$),下标 C 代表数据寄存器。现在的任务是正确区分这些输入态,注意到 $|\psi_1\rangle$ 和 $|\psi_2\rangle$ 的信息未知。特别地,要通过 POVM 方法完成该任务。

令 POVM 当中的元素 Π_1 对应正确探测到 $|\Psi_1^{\text{in}}\rangle$ 的情况,Π_2 对应正确探测到 $|\Psi_2^{\text{in}}\rangle$ 的情况,且 Π_0 对应无法区分量子态的情况。成功区分两种输入态的概率为

$$\langle \Psi_1^{\text{in}} | \Pi_1 | \Psi_1^{\text{in}} \rangle = p_1 \qquad \langle \Psi_2^{\text{in}} | \Pi_2 | \Psi_2^{\text{in}} \rangle = p_2 \qquad (8.32)$$

且根据不允许出错的条件有

$$\Pi_2 | \Psi_1^{\text{in}} \rangle = 0 \qquad \Pi_1 | \Psi_2^{\text{in}} \rangle = 0 \qquad (8.33)$$

此外,因为用 POVM 表示的选项包含了所有的概率情况,于是就有

$$I = \Pi_1 + \Pi_2 + \Pi_0 \qquad (8.34)$$

$|\psi_1\rangle$ 和 $|\psi_2\rangle$ 的信息未知意味着唯一满足上述条件的方法是利用量子态的对称性原理,即 $|\Psi_1^{\text{in}}\rangle$ 在第一个和第三个量子比特互换后保持不变,且 $|\Psi_2^{\text{in}}\rangle$ 在第二个和第三个量子比特互换后保持不变。这意味着当量子比特 B 和 C 具有对称性时,Π_1 对其操作后结果为 0,同时,当量子比特 A 和 C 具有对称性时,Π_2 对其操作后结果为 0。定义量子比特对相应的反对称性量子态为

$$|\psi_{BC}^{(-)}\rangle = \frac{1}{\sqrt{2}} (|0\rangle_B |1\rangle_C - |1\rangle_B |0\rangle_C)$$

$$|\psi_{AC}^{(-)}\rangle = \frac{1}{\sqrt{2}} (|0\rangle_A |1\rangle_C - |1\rangle_A |0\rangle_C) \qquad (8.35)$$

在量子比特对应的反对称子空间上引入投影算子

$$P_{BC}^{\text{as}} = |\psi_{BC}^{(-)}\rangle \langle \psi_{BC}^{(-)} |$$

$$P_{AC}^{\text{as}} = |\psi_{AC}^{(-)}\rangle \langle \psi_{AC}^{(-)} | \qquad (8.36)$$

可以将算子 Π_1 和 Π_2 表示如下

$$\Pi_1 = c_1 I_A \otimes P_{BC}^{\text{as}}$$

$$\Pi_2 = c_2 I_B \otimes P_{AC}^{\text{as}} \qquad (8.37)$$

其中，I_A 和 I_B 是在量子比特 A 所在空间和量子比特 B 所在空间中的单位算子，与之对应的，c_1 和 c_2 是未确定的非负实数。采用上述 Π_j 的表达式，其中式(8.32)中 $j=1$，2，可以得到

$$p_j = \langle \Psi_j^{in} | \Pi_j | \Psi_1^{in} \rangle = c_j \frac{1}{2}(1 - |\langle \phi_1 | \phi_2 \rangle|^2) \tag{8.38}$$

令 P 为等概率输入时，成功确定测得输入量子态的平均概率，则 P 可以表示成

$$P = \frac{1}{2}(p_1 + p_2) = \frac{1}{2}(c_1 + c_2)(1 - |\langle \phi_1 | \phi_2 \rangle|^2) \tag{8.39}$$

并且要最大限度地使上述表达式满足 $\Pi_0 = I - \Pi_1 - \Pi_2$ 为正算子这一约束条件。

令 S 为一个四维子空间，它位于三个量子比特 A，B 和 C 所在的整个八维 Hilbert 空间内。S 由矢量 $|0\rangle_A |\psi_{BC}^{(-)}\rangle$，$|1\rangle_A |\psi_{BC}^{(-)}\rangle$，$|0\rangle_B |\psi_{AC}^{(-)}\rangle$ 和 $|1\rangle_B |\psi_{AC}^{(-)}\rangle$ 张成的。在 S 的正交互补空间 $S^\perp$ 当中，算子 Π_0 以单位矩阵的形式出现，因此在 $S^\perp$ 中，Π_0 是正算子，所以需要研究算子在 S 中的操作情况。首先，在 S 当中构建一个标准正交基，对上述四个矢量执行一个 Gram - Schmidt 过程，进而张成 S，得到了四个标准正交基

$$|\Phi_1\rangle = |0\rangle_A |\psi_{BC}^{(-)}\rangle$$

$$|\Phi_2\rangle = \frac{1}{\sqrt{3}}(2|0\rangle_B |\psi_{AC}^{(-)}\rangle - |0\rangle_A |\psi_{BC}^{(-)}\rangle)$$

$$|\Phi_3\rangle = |1\rangle_A |\psi_{BC}^{(-)}\rangle \tag{8.40}$$

$$|\Phi_4\rangle = \frac{1}{\sqrt{3}}(2|1\rangle_B |\psi_{AC}^{(-)}\rangle - |1\rangle_A |\psi_{BC}^{(-)}\rangle)$$

在这组基当中，算子 Π_0 只能存在于子空间 S，用一个 4×4 矩阵表示

$$\Pi_0 = \begin{pmatrix} 1-c_1-\frac{1}{4}c_2 & -\frac{\sqrt{3}}{4}c_2 & 0 & 0 \\ -\frac{\sqrt{3}}{4}c_2 & 1-\frac{3}{4}c_2 & 0 & 0 \\ 0 & 0 & 1-c_1-\frac{1}{4}c_2 & -\frac{\sqrt{3}}{4}c_2 \\ 0 & 0 & -\frac{\sqrt{3}}{4}c_2 & 1-\frac{3}{4}c_2 \end{pmatrix} \tag{8.41}$$

由于 Π_0 的块对角性质，该矩阵对应的本征值 λ 可以用一个四次方程表示

$$\left[\lambda^2 - (2-c_1-c_2)\lambda + 1 - (2-c_1-c_2) + \frac{3}{4}c_1 c_2\right]^2 = 0 \tag{8.42}$$

但要保证本征值是非负的。这可以从上式得到，即

$$2-c_1-c_2 \geqslant 0$$

$$1-(2-c_1-c_2)+\frac{3}{4}c_1 c_2 \geqslant 0 \tag{8.43}$$

第二个条件约束性更强。满足第一个条件的情况很普遍,但是第一个条件只能用于排除非实数解。可以利用第二个条件将 c_2 表达成关于 c_1 的不等式

$$c_2 \leqslant \frac{2-2c_1}{2-(3/2)c_1} \tag{8.44}$$

等号为成功概率最大的情况。将该结果对应的表达式代入式(8.39)得到

$$P=\frac{1}{4}\left(c_1+\frac{2-2c_1}{2-(3/2)c_1}\right)(1-|\langle\psi_1|\psi_2\rangle|^2) \tag{8.45}$$

当表达式等号右边有最大值时,$c_1=c_{1,\text{opt}}$ 代入式(8.44)得到

$$c_{1,\text{opt}}=c_{2,\text{opt}}=\frac{2}{3} \tag{8.46}$$

将这些值与式(8.37)结合,可以完全区分一个 POVM。将这些最优值代入式(8.39)得到

$$P_{\text{POVM}}=\frac{1}{3}(1-|\langle\psi_1|\psi_2\rangle|^2) \tag{8.47}$$

如果知道量子态 $|\psi_1\rangle$ 和 $|\psi_2\rangle$,则成功确定量子态的概率为 $1-|\langle\psi_1|\psi_2\rangle|^2$。它始终大于等于前式的概率,但是这只是理想情况。对量子态 $|\psi_1\rangle$ 和 $|\psi_2\rangle$ 的信息了解相当于对每个量子态赋予一个无穷多的机会,可以通过不断地测量完全确定它们的量子态。可编程设备只能测量一次量子态。但是它确实是一个非常灵巧的设备。注意到 POVM 元素从来不取决于量子态 $|\psi_1\rangle$ 和 $|\psi_2\rangle$,这意味着它可以对任意两种程序态进行操作。

8.6　问题

1.如果限制量子态的克隆种类,可以通过一种设备得到保真度更高的克隆,它以最佳情况克隆所有的量子态。例如相位-协变式克隆。假设只克隆如下形式的量子态

$$|\psi(\theta)\rangle=\frac{1}{\sqrt{2}}(|0\rangle+e^{i\theta}|1\rangle)$$

考虑作用在双量子比特上的克隆变换,U,其作用如下:

$$U|0\rangle_1|0\rangle_2=|0\rangle_1|0\rangle_2$$

$$U|0\rangle_1|0\rangle_2=\cos\eta|1\rangle_1|1\rangle_2+\sin\eta|0\rangle_1|1\rangle_2$$

该克隆机的输出态为$|\psi(\theta)\rangle_1|0\rangle_2$,角度$\eta$控制了输入态信息在输出 1 和 2 的出现概率。求输出 1 和 2 的约化密度矩阵,输出态相对于输入态$|\psi(\theta)\rangle$的保真度,并证明在$\eta=\pi/4$时保真度为 5/6。

2.考虑在 8.2 节中讨论的克隆机。证明输出态的保真度[详见式(8.4)]满足关系式

$$\sqrt{(1-F_1)(1-F_2)}=F_1+F_2-\frac{3}{2}$$

其中,F_1是输出端 1 相对于输入态的保真度,F_2是输出端 2 相对于输入态的保真度。

3.再次考虑由四个受控非门构成的量子克隆线路,证明其可以实现如下变换:

$$|\psi_1\rangle|0\rangle_2|-x\rangle_3 \rightarrow (\sigma_z|\psi\rangle_2)|\Psi_-\rangle_{13}$$
$$|\psi_1\rangle|+x\rangle_2|1\rangle_3 \rightarrow (\sigma_x|\psi\rangle_3)|\Phi_+\rangle_{12}$$

现在证明如果输入态是$|\psi_1\rangle(\alpha|\Psi_+\rangle_{23}+\beta|0\rangle_2|-x\rangle_3+\gamma|+x\rangle_2|1\rangle_3)$,且存在归一化条件

$$|\alpha+\beta|^2+|\alpha+\gamma|^2+|\beta-\gamma|^2=2$$

输出态的约化密度矩阵为

$$\rho_1=\left[\left|\alpha+\frac{\beta+\gamma}{2}\right|^2-\frac{|\beta-\gamma|^2}{4}\right]\rho_{in}+\frac{|\beta-\gamma|^2}{2}I$$

$$\rho_2=\left[\left|\beta+\frac{\alpha-\gamma}{2}\right|^2-\frac{|\alpha+\gamma|^2}{4}\right]\sigma_z\rho_{in}\sigma_z+\frac{|\alpha+\gamma|^2}{2}I$$

$$\rho_3=\left[\left|\gamma+\frac{\alpha-\beta}{2}\right|^2-\frac{|\alpha+\beta|^2}{4}\right]\sigma_x\rho_{in}\sigma_x+\frac{|\alpha+\beta|^2}{2}I$$

其中$\rho_{in}=|\psi\rangle\langle\psi|$。这意味着克隆机不仅可以控制量子信息的输出概率,还可以引发信息以概率形式输出后对部分输出信息的操作。

4.假设要利用由四个受控非门组成的概率性处理器实现对数据态的操作$V_\varphi=|\varphi\rangle\langle\varphi_\perp|+|\varphi_\perp\rangle\langle\varphi|$。找到一个程序态使得出现此情况的概率为 1/3,并证明如果程序态以$U_{in}|\Xi'\rangle_{23}$的形式出现时,量子态$|\Xi'\rangle_{23}$可以简单表示为$|\varphi\rangle$和$|\varphi_\perp\rangle$的形式。

参考文献

[1] V. Bużek, M. Hillery, Quantum copying: Beyond the no-cloning theorem. Phys. Rev. A 54, 1844(1996)

[2] V. Bużek, M. Hillery, R.F. Werner, Optimal manipulations with qubits: Universal NOT gate. Phys.Rev.A 60, R2626(1999)

［3］ For reviews of quantum cloning see V. Scarani, S. Iblisdir, N. Gisin, A. Acin, Quantum cloning. Rev. Mod. Phys. 77, 1225(2005); and N.J. Cerf J. Fiuraš ek, Optical quantum cloning-a review. Progress Opt. 49, 455(2006).

［4］ Michael A. Nielsen, Isaac L. Chuang, Programmable quantum gate arrays. Phys. Rev. Lett. 79,321(1997)

［5］ M. Hillery, V. Bužek, M. Ziman, Probabilistic implementation of universal quantum processors. Phys.Rev.A 65, 022301(2002)

［6］ J. Preskill, Reliable quantum computers. Proc. Roy. Soc. Lond. A 454, 385 (1998)

［7］ G. Vidal, L. Masanes, J. I. Cirac, Storing quantum dynamics in quantum states: stochastic programmable gate for U(1) operations. Phys. Rev. Lett. 88, 047905(2002)

［8］ J. Bergou, M. Hillery, A universal programmable quantum state discriminator that is optimal for unambiguously distinguishing between unknown states. Phys. Rev. Lett. 94, 160501(2005)

第9章 退相干与量子纠错

在构建量子计算机的过程中,最大的挑战来自噪声干扰和退相干效应。无论如何,量子比特都会与其他系统相互作用,例如,原子与电磁场相互作用,自旋粒子通过对偶作用与其他自旋粒子相互作用。这些不必要的相互作用会造成误码,所以需要保护量子信息免受误码影响。

本章重点研究量子纠错码。它能够保护量子信息免受退相干效应的影响。先研究量子纠错码的一般原理,随后深入研究一类特殊的纠错码,即CSS(Calderbank-shor-steane)码。最后简要介绍另一种对抗退相干效应的技术,即无退相干子空间。

9.1 量子纠错码的一般原理

在经典情况下,为防止出现误码,只需重复发送某个比特。可以将单比特编码成三比特,如 0→000 和 1→111。误码会诱发比特翻转,即 0 变为 1,反之亦然。解码三比特需要利用多数决定原则;如果三比特码中 0 的数量比 1 多,就称该码为 0;如果 1 的数量比 0 少,就称该码为 1。三比特码能够容忍一位比特翻转误码。

可以从概率的角度解释这个问题。假设一位比特翻转误码的概率为 p,并且不同位比特之间发生错误的概率是独立的。则三比特码不发生错误的概率为 $(1-p)^3$,一位比特出错的概率为 $3p(1-p)^2$,两位比特出错的概率为 $3p^2(1-p)$,三位比特都出错的概率是 p^3。纠错失败的概率是指在两位或三位码都出错时的概率,或者写成 $p^2(3-2p)$。如果 $p^2(3-2p)<p$,意味着小于未编码比特出错概率,仅当 $p<1/2$ 时为真。如果该条件满足,就适合对该比特进行编码。

现在希望对量子比特执行同样的保护性操作,但是会面对许多难题。任务也变得更加困难,因为不能只保护量子态 $|0\rangle$ 和 $|1\rangle$,还要保护任意形式的量子态 $a|0\rangle+b|1\rangle$。在保护量子比特时面对的问题有:

1.量子比特比经典比特更容易受多种误码影响。其中有相位误码 $|0\rangle \rightarrow |0\rangle$ 和 $|1\rangle \rightarrow -|1\rangle$,使 $a|0\rangle+b|1\rangle$ 变成 $a|0\rangle-b|1\rangle$。此外,还存在普遍的微扰使得 $a|0\rangle+b|1\rangle \rightarrow (a+O(\varepsilon))|0\rangle+(b+O(\varepsilon))|1\rangle$,其中 $\varepsilon \ll 1$ 是一个参数,用来表示微扰程度。

2.必须谨慎了解利用单量子比特检测误码的情况,因为一旦要确定量子态,就意味着对其测量,从而改变量子态。

3.量子态不能复制,因为量子克隆理论不成立。

这意味着必须有更优解决方案。

第一个量子纠错码的发明者是 Peter Shor,现在详细研究这一方法。先类比经典情况,即用$|000\rangle$对量子比特$|0\rangle$进行编码,用$|111\rangle$对量子比特$|1\rangle$进行编码,意味着在这种编码规则下$a|0\rangle+b|1\rangle$被编码为$a|000\rangle+b|111\rangle$。问题在于这种编码方式能否帮助发现并纠正比特翻转误码。注意到任何单量子态都会被映射到由一组正交基$|000\rangle$和$|111\rangle$张成的三量子态子空间中。

如果只用$\{|0\rangle,|1\rangle\}$基测量每个量子比特,以此来检验一个比特翻转,所有的叠加态都会被破坏,因此只能另寻他路。注意到,在量子态$|000\rangle$和$|111\rangle$中,所有的量子比特都是相同的,尤其是量子比特 1 和量子比特 2 的量子态相同,量子比特 2 和量子比特 3 的量子态相同。用可观测值 Z 表示 Pauli 算子σ_Z(同时也用可观测值 X 表示 Pauli 算子σ_x),并测量可观测值Z_1Z_2和Z_2Z_3,试看会发生什么情况。对量子态$|000\rangle$或$|111\rangle$执行上述操作,并将得到的结果汇总在表 9-1 中。

表 9-1　算子Z_1Z_2和Z_2Z_3对$|000\rangle$或$|111\rangle$进行操作的真值表

	Z_1Z_2	Z_2Z_3
不翻转	1	1
量子比特 1 发生翻转	−1	1
量子比特 2 发生翻转	−1	−1
量子比特 3 发生翻转	1	−1

因此,根据结果,可以知道发生翻转的量子比特的位置。另外,任何$a|000\rangle+b|111\rangle$形式的量子态,或者这个量子态本身在单个量子比特翻转后形成的新量子态,其实就是Z_1Z_2和Z_2Z_3一个本征态,因此测量不会改变原量子态。所以,如果某量子比特发生翻转,可以通过测量两个可观测量来确定发生翻转的位置,且不会破坏量子态。便可以通过再次翻转进行纠错。例如,如果量子态的第 2 位发生翻转,其变化过程为$a|000\rangle+b|111\rangle \rightarrow a|010\rangle+b|101\rangle$,测量$Z_1Z_2$和$Z_2Z_3$,会得到−1和−1,这意味着第 2 位发生翻转,但是没有改变原量子态。然后对量子态的第 2 位翻转比特执行X_2操作以纠错。

如果发生部分概率翻转,该过程也同样适用。假设

$$|000\rangle \rightarrow (1-\varepsilon^2)^{1/2}|000\rangle+\varepsilon|010\rangle$$
$$|111\rangle \rightarrow (1-\varepsilon^2)^{1/2}|111\rangle+\varepsilon|101\rangle \tag{9.1}$$

这意味着

$$a\,|000\rangle + b\,|111\rangle \rightarrow (1-\varepsilon^2)^{1/2}(a\,|000\rangle + b\,|111\rangle) + \varepsilon(a\,|010\rangle + b\,|101\rangle)$$

$$(9.2)$$

现在研究测量后的情况。对 Z_1Z_2 进行测量,得到 1 的概率为 $1-\varepsilon^2$,得到 -1 的概率为 ε^2。如果得到 1,量子态保持不变,还是 $a\,|000\rangle + b\,|111\rangle$。如果得到 -1,量子态就变成 $a\,|010\rangle + b\,|101\rangle$。对 Z_2Z_3 进行测量,如果第一次测量得到结果 1,则第二次测量得到的结果还是 1,因为此时的量子态将恢复成初始态。在这种情况下,两次测量的结果都是 1,因此不需要做任何操作。如果第一次测量得到结果 -1,第二次测量的结果一定会是 -1,因为第 2 位比特肯定会发生翻转。当两次测量结果均为 -1 时,用 X_2 进行纠错。

目前可以纠正单量子比特翻转误码,但是更重要的是相位翻转误码。如果在不同的基中观察两个量子比特,相位翻转误码和比特翻转误码是类似的。注意到相位翻转使量子态 $|+x\rangle$ 变为 $|-x\rangle$,$|-x\rangle$ 变为 $|+x\rangle$,与在基 $\langle|0\rangle, |1\rangle\rangle$ 中的比特翻转有相同的效果。如果编码 $|0\rangle \rightarrow |+x, +x, +x\rangle$,编码 $|1\rangle \rightarrow |-x, -x, -x\rangle$,则能够检测单量子比特相位翻转误码。为了检错,对可观测量 X_1X_2 和 X_2X_3 进行测量,从而确定发生误码的位置,并作用一个 Z 操作进行纠错。

现在将比特翻转和相位翻转两种编码方式结合起来,以对应两种误码情况。先考虑相位翻转,并对每一个量子比特进行比特翻转。得到一个九量子比特码,即 Shor 码,具体形式如下:

$$|0\rangle \rightarrow \frac{1}{2\sqrt{2}}(|000\rangle + |111\rangle)(|000\rangle + |111\rangle)(|000\rangle + |111\rangle)$$

$$(9.3)$$

$$|1\rangle \rightarrow \frac{1}{2\sqrt{2}}(|000\rangle - |111\rangle)(|000\rangle - |111\rangle)(|000\rangle - |111\rangle)$$

通过测量张量积形式的 Z 算子得到比特翻转误码。特别地,通过测量算子 Z_1Z_2 和 Z_2Z_3,能够检测前三位量子比特集中的比特翻转误码。通过测量算子 Z_4Z_5 和 Z_5Z_6,可检测中间三位量子比特集中的比特翻转误码。通过测量算子 Z_7Z_8 和 Z_8Z_9,可以检测后三位量子比特集中的比特翻转误码。一旦确定发生比特翻转误码的位置,就能在误码位上作用一个 X 算子进行纠错。

在任何量子比特中出现相位翻转误码都会导致一个量子比特集的符号发生翻转。通过测量 $\Pi_{j=1}^{6} X_j$ 和 $\Pi_{j=4}^{9} X_j$,可以确定发生相位翻转误码的量子比特集。如果测量结果均为 1,则不存在误码,如果第一个测量结果为 1,第二个测量结果为 -1,误码位于第一个量子比特集中,如果测量结果都是 -1,误码位于第二个量子比特集中,如果第一个测量结果为 -1,第二个测量结果为 1,误码位于第三个量子比特集中。一旦确定出现误码的量子比特集,就可以在误码位上作用一个 Z 算子进行纠错。但这种编码方式最多只能纠正单量子比特误码,超过一个就不适用了。

目前为止,只考虑了比特翻转误码和相位翻转误码两种情况。显然这是不够的。因此,必须研究一般条件下的量子纠错。先考虑单量子比特和环境的相互作用的情况。量子比特 Hilbert 空间记为 $\mathcal{H}_A$,环境 Hilbert 空间记为 $\mathcal{H}_E$。令环境初始态为 $|0\rangle_E$,描述量子比特和环境的演化算子为 U_{AE}。有

$$U_{AE}(|0\rangle_A \otimes |0\rangle_E) = |0\rangle_A \otimes |e_{00}\rangle_E + |1\rangle_A \otimes |e_{01}\rangle_E$$
$$U_{AE}(|1\rangle_A \otimes |0\rangle_E) = |0\rangle_A \otimes |e_{10}\rangle_E + |1\rangle_A \otimes |e_{11}\rangle_E \tag{9.4}$$

量子态 $|e_{jk}\rangle_E$ 不一定是正交化或归一化的,但是必须遵循幺正算子 U_{AE} 的约束条件。例如,必须满足 $||e_{00}||^2 + ||e_{01}||^2 = 1$ 和 $||e_{10}||^2 + ||e_{11}||^2 = 1$。现在要了解 U_{AE} 作用于一个一般量子态时的情形,比如作用在 $|\psi\rangle_A \otimes |0\rangle_E$ 上,其中 $|\psi\rangle_A = a|0\rangle_A + b|1\rangle_A$。经过一些操作后得到

$$\begin{aligned} U_{AE}(|\psi\rangle_A \otimes |0\rangle_E) &= a(|0\rangle_A \otimes |e_{00}\rangle + |1\rangle_A \otimes |e_{01}\rangle_E) + \\ &\quad b(|0\rangle_A \otimes |e_{10}\rangle_E + |1\rangle_A \otimes |e_{11}\rangle_E) \\ &= I|\psi\rangle_A \otimes |e_I\rangle_E + X|\psi\rangle_A \otimes |e_X\rangle_E + \\ &\quad Y|\psi\rangle_A \otimes |e_Y\rangle_E + Z|\psi\rangle_A \otimes |e_Z\rangle_Z \end{aligned} \tag{9.5}$$

I 是单位算子,$Y = iXZ$ 且

$$|e_I\rangle_E = \frac{1}{2}(|e_{00}\rangle + |e_{11}\rangle) \quad |e_X\rangle_E = \frac{1}{2}(|e_{01}\rangle + |e_{10}\rangle)$$
$$|e_Y\rangle_E = \frac{i}{2}(|e_{10}\rangle - |e_{01}\rangle) \quad |e_Z\rangle_E = \frac{1}{2}(|e_{00}\rangle - |e_{11}\rangle) \tag{9.6}$$

因此,可以在量子比特的 Pauli 矩阵上扩展 U_{AE} 操作。这是因为这些矩阵和单位矩阵相乘形成了一个 2×2 基底矩阵。注意到 $|e_I\rangle_E$、$|e_X\rangle_E$、$|e_Y\rangle_E$ 和 $|e_Z\rangle_E$ 并不一定是归一化或者正交化的。对于 n 量子比特,可以通过集合 $\{I, X, Y, Z\}^{\otimes n}$ 扩展量子比特与环境合并的幺正演化算子。令集合中的元素为 E_a,则

$$U_{AE}(|\psi\rangle_A \otimes |0\rangle_E) = \sum_a E_a |\psi\rangle_A \otimes |e_a\rangle_E \tag{9.7}$$

注意到 E_a 是幺正算子且 $\mathcal{H}_A$ 是 n 量子比特 Hilbert 空间。

当设计一种码时,通常选择一个子集 $\varepsilon \subseteq \{I, X, Y, Z\}^{\otimes n}$;子集中的元素是待纠错的误码。通常子集 ε 中的元素中包含所有 E_a,且所有元素码重小于等于 t。E_a 的码重是指 E_a 中非单位算子的数量。接下来,选择一个码子空间,$\mathcal{H}_C \subseteq \mathcal{H}_A$,它包含了码字,并假设 $\{|\bar{j}\rangle_A\}$ 是该子空间中的一个标准正交基。假设 $E_a, E_b \in \varepsilon$,则

$$_A\langle \bar{j}|E_b^{\dagger}E_a|\bar{k}\rangle_A = \delta_{ab}\delta_{\bar{j}\bar{k}} \tag{9.8}$$

这意味着 ε 中每个误码都会将编码空间映射到一个不同的子空间,且所有的子空间

互相正交,例如,当 $a \neq b$ 时 $E_a \mathcal{H}_A$ 正交于 $E_b \mathcal{H}_A$,因此这些子空间是可区分的。在某个子空间中,误码将码字(基元素 $|\bar{j}\rangle_A$)映射到正交态上,即当 $\bar{j} \neq \bar{k}$ 时,$E_a |\bar{j}\rangle_A$ 正交于 $E_a |\bar{k}\rangle_A$。

这意味着可以确定发生误码的位置(位于码字被映射到的正交子空间中),并进行纠错。如果出现 E_a,只需要作用一个 $E_a^\dagger$ 即可。实际上,可以对所有由子集 ε 中的元素组合而成的误码进行纠错。如果

$$|\psi\rangle_A \otimes |0\rangle_E \rightarrow \sum_a E_a |\psi\rangle_A \otimes |e_a\rangle_E \tag{9.9}$$

则可以测量可观测量 $\sum_a \lambda_a P_a$,其中 λ_a 是可区分的,且 P_a 被投影到 $E_a \mathcal{H}_A$ 上。如果得到 $\lambda_{a'}$,这些量子态将变成 $E_{a'} |\psi\rangle_A \otimes |e_{a'}\rangle_E$,可以作用一个 $E_{a'}^\dagger$ 进行纠错。因此,通过对一定数量的误码进行纠错,尤其是当误码是由子集 ε 当中元素构成时,就能够对无限多的误码进行纠错,举例而言,可以纠正子集 ε 当中任意元素组合而成的误码。

通过证明,发现式(9.8)中的条件约束性太强。Shor 码并不满足上述条件,但同样奏效。在该码中,在同一个量子比特集当中不同的相位翻转误码会发生在完全相同的量子态上。满足式(9.8)的码称为非简并码。不满足上述条件的码称为简并码。

在讨论量子纠错码的一般条件之前,先证明误码和恢复过程都可以用超算子表示。令 $\{|\mu\rangle_E\}$ 为 $\mathcal{H}_E$ 当中的一组标准正交基,在这组基中可以对式(9.9)中的量子态 $|e_a\rangle_E$ 进行扩展,式(9.9)可以表示成

$$U_{AE} |\psi\rangle_A \otimes |0\rangle_E = \sum_\mu M_\mu |\psi\rangle_A \otimes |\mu\rangle_E \tag{9.10}$$

其中

$$M_\mu = \sum_a {}_E\langle \mu | e_a \rangle_E E_a \tag{9.11}$$

U_{AE} 的幺正性意味着 $\sum_\mu M_\mu^\dagger M_\mu = I$。求出环境算子后,可以发现误码使得编码子空间的密度矩阵 ρ_A 变成

$$T_E(\rho_A) = \sum_\mu M_\mu \rho_A M_\mu^\dagger \tag{9.12}$$

因此,误码可以用超算子表示。

现在研究恢复过程。令 ρ'_A 为发生误码后的 n 量子态。测量 ρ'_A,测量结果用一个 POVM 算子 $\widetilde{R}_v$ 表示,如果得到结果 v 则作用一个算子 U_v 进行纠错。因此,根据概率 $p_v = \mathrm{Tr}(\widetilde{R}_v^\dagger \widetilde{R}_v \rho'_A)$,得到量子态

$$\rho_{Av} = \frac{1}{p_v} U_v \widetilde{R}_v \rho'_A \widetilde{R}_v^\dagger \widetilde{U}_v^\dagger \tag{9.13}$$

定义 $R_v = U_v \widetilde{R}_v$，就得到了在纠错过程后的整个密度矩阵

$$R(\rho'_A) = \sum_v p_v \rho_{Av} = \sum_v R_v \rho'_A R_v^{\dagger} \tag{9.14}$$

注意到

$$\sum_v R_v^{\dagger} R_v = \sum_v \widetilde{R}_v^{\dagger} \widetilde{R}_v = I \tag{9.15}$$

由于 $\{\widetilde{R}_v\}$ 是一个 POVM，因此 R 是一个超算子。

现在要证明一个能够用超算子 T_E 表示的量子码进行纠错的条件为

$$_A\langle \bar{j}|M_{\mu'}^{\dagger}M_{\mu}|\bar{k}\rangle_A = C_{\mu'\mu}\delta_{\bar{j}\bar{k}} \tag{9.16}$$

其中，对所有的 M_{μ} 和 $M_{\mu'}$，该超算子都具有 Kraus 算子 M_{μ}，且 $C_{\mu'\mu}$ 是任意的 hermitian 矩阵。为了分析这一推论，可以在一个扩展空间 $\mathcal{H}_A \otimes \mathcal{H}_E \otimes \mathcal{H}_B$ 上进行研究，用态矢替代密度矩阵。在此空间中 T_E 可以表示为 $U_{AE} \otimes I_B$，即一个作用在 $\mathcal{H}_A \otimes \mathcal{H}_E$ 上的幺正算子和一个作用在 $\mathcal{H}_B$ 上的单位算子，且 R 可以表示为 $U_{AB} \otimes I_E$，即一个作用在 $\mathcal{H}_A \otimes \mathcal{H}_B$ 上的幺正算子和一个作用在 $\mathcal{H}_E$ 上的单位算子。具体可以写成

$$T_E : |\bar{j}\rangle_A \otimes |0\rangle_E \otimes |v\rangle_B \rightarrow \sum_{\mu} M_{\mu}|\bar{j}\rangle_A \otimes |\mu\rangle_E \otimes |v\rangle_B \tag{9.17}$$

$$R : |\bar{j}\rangle_A \otimes |\mu\rangle_E \otimes |0\rangle_B \rightarrow \sum_v R_v |\bar{j}\rangle_A \otimes |\mu\rangle_E \otimes |v\rangle_B$$

如果恢复操作发生在编码子空间上，必须满足

$$R \circ T_E : |\bar{j}\rangle_A \otimes |0\rangle_E \otimes |0\rangle_B \rightarrow \sum_{\mu,v} R_v M_{\mu}|\bar{j}\rangle_A \otimes |\mu\rangle_E \otimes |v\rangle_B = |\bar{j}\rangle_A \otimes |\Psi\rangle_{EB}$$

$$\tag{9.18}$$

其中，$|\Psi\rangle_{EB}$ 和 $\bar{j}$ 互相独立。对式子两边进行内积 $_E\langle \mu'|_B\langle v'|$ 运算，得到

$$R_v M_{\mu'}|\bar{j}\rangle_A = \lambda_{\mu'v'}|\bar{j}\rangle_A \tag{9.19}$$

其中 $\lambda_{\mu'v'} = {}_E\langle \mu'|_B\langle v'|\Psi\rangle_{EB}$ 和 $\bar{j}$ 互相独立。这意味着对于在编码空间内的任意 $|\psi\rangle_A$，都有 $R_v M_{\mu}|\psi\rangle_A = \lambda_{\mu v}|\psi\rangle_A$，所以对于编码子空间内的 $|\varphi\rangle_A$ 有

$$_A\langle \varphi|R_v M_{\mu}|\psi\rangle_A = \lambda_{\mu v}{}_A\langle \varphi|\psi\rangle_A = {}_A\langle (R_v M_{\mu})^{\dagger}\varphi|\psi\rangle_A \tag{9.20}$$

这意味着在码空间中，对于 $|\psi\rangle_A$ 有 $(R_v M_{\mu})^{\dagger}|\psi\rangle_A = \lambda_{\mu v}^*|\psi\rangle_A$。现在

$$M_{\sigma}^{\dagger}M_{\mu}|\bar{j}\rangle_A = M_{\sigma}^{\dagger}\left(\sum_v R_v^{\dagger}R_v\right)M_{\mu}|\bar{j}\rangle_A = \sum_v \lambda_{\sigma v}^*\lambda_{\mu v}|\bar{j}\rangle_A \tag{9.21}$$

因此，令 $C_{\sigma\mu} = \sum_v \lambda_{\sigma v}^*\lambda_{\mu v}$，有

$$_A\langle \bar{k}|M_{\sigma}^{\dagger}M_{\mu}|\bar{j}\rangle_A = C_{\sigma\mu}\delta_{\bar{k}\bar{j}} \tag{9.22}$$

所以，证明了如果恢复操作能够纠错，则必须满足式(9.16)中的条件。

现在，证明其逆过程，如果满足式(9.16)，则可以恢复由 T_E 产生的误码。首先定

义一个新的 T_E 的 Kraus 表示

$$\tilde{M}_\mu = \sum_{\mu'} u_{\mu\mu'} M_{\mu'} \tag{9.23}$$

其中, $u_{\mu\mu'}$ 是幺正矩阵。得到

$${}_A\langle \bar{k} | \tilde{M}_\sigma^\dagger \tilde{M}_\mu | \bar{j} \rangle_A = \delta_{\bar{k}\bar{j}} \sum_{\sigma'\mu'} u_{\sigma\sigma'}^* C_{\sigma'\mu'} u_{\mu\mu'} = \delta_{\bar{k}\bar{j}} \sum_{\sigma'\mu'} u_{\sigma\sigma'}^* C_{\sigma'\mu'} (u^*)_{\mu\mu'}^\dagger \tag{9.24}$$

现在用 u^* 将 C 对角化,所以上式变成

$${}_A\langle \bar{k} | \tilde{M}_\sigma^\dagger \tilde{M}_\mu | \bar{j} \rangle_A = \delta_{\bar{k}\bar{j}} \tilde{C}_\mu \delta_{\sigma\mu} \tag{9.25}$$

注意到因为 $\sum_\mu \tilde{M}_\mu^\dagger \tilde{M}_\mu = I$,有 $\sum_\mu \tilde{C}_\mu = 1$。对于每个 $\tilde{C}_v \neq 0$ 定义

$$R_v = \frac{1}{\sqrt{\tilde{C}_v}} \sum_{\bar{k}} | \bar{k} \rangle_A \langle \bar{k} | \tilde{M}_v^\dagger \tag{9.26}$$

首先注意到

$$R_v \tilde{M}_\mu | \bar{j} \rangle_A = \frac{1}{\sqrt{\tilde{C}_v}} \sum_k | \bar{k} \rangle_A \langle \bar{k} | \tilde{M}_v^\dagger \tilde{M}_\mu | \bar{j} \rangle_A = \sqrt{\tilde{C}_v} \delta_{\mu v} | \bar{j} \rangle_A \tag{9.27}$$

回到在 $\mathcal{H}_A \otimes \mathcal{H}_E \otimes \mathcal{H}_B$ 上的超算子表示,得到

$$\sum_{\mu,v} R_v \tilde{M}_\mu | \bar{j} \rangle_A \otimes | \mu \rangle_E \otimes | v \rangle_B = | \bar{j} \rangle_A \sum_\mu \sqrt{\tilde{C}_v} | \mu \rangle_E \otimes | \mu \rangle_B = | \bar{j} \rangle_A | \Psi \rangle_{EB} \tag{9.28}$$

所以在编码空间中恢复了初始态。最后,需要证明 $\sum_v R_v^\dagger R_v = I$。注意到

$$\sum_v R_v^\dagger R_v = \sum_v \sum_{\bar{j}} \frac{1}{\tilde{C}_v} \tilde{M}_v | \bar{j} \rangle_A \langle \bar{j} | \tilde{M}_v^\dagger \tag{9.29}$$

将该算子作用在 $\tilde{M}_\sigma | \bar{k} \rangle_A$ 形式的任意矢量上,得到

$$\sum_v R_v^\dagger R_v \tilde{M}_\sigma | \bar{k} \rangle_A = \sum_v \sum_{\bar{j}} \frac{1}{\tilde{C}_v} \tilde{M}_v | \bar{j} \rangle_A \langle \bar{j} | \tilde{M}_v^\dagger \tilde{M}_\sigma | \bar{k} \rangle_A$$
$$= \sum_v \sum_{\bar{j}} \frac{1}{\tilde{C}_v} \tilde{M}_v | \bar{j} \rangle_A \tilde{C}_v \delta_{v\sigma} \delta_{\bar{j}\bar{k}} = \tilde{M}_\sigma | \bar{k} \rangle_A \tag{9.30}$$

对于所有的 $\tilde{M}_\sigma$ 和 $|\psi\rangle_A \in \mathcal{H}_c$ 定义一个空间 $\mathcal{H}_{\tilde{M}} = \mathrm{span}\{\tilde{M}_\sigma |\psi\rangle_A\}$,发现 $\sum_v R_v^\dagger R_v$ 只是作用在 $\mathcal{H}_{\tilde{M}}$ 上的投影算子。为完成恢复操作,只需要在 $\mathcal{H}_{\tilde{M}}$ 的正交补空间上增加一个投影算子 $P_{\tilde{M}}^\perp$。这不影响恢复过程,因为该操作只发生在 $\mathcal{H}_{\tilde{M}}$ 中,且 $P_{\tilde{M}}^\perp$ 只是将空间中任意量子态映射成零矢量。

总结一下,目前已证明当且仅当满足式(9.16)时,通过 Kraus 算子 M_μ 可以恢复

T_E 中的一个误码,仅恢复一个误码似乎还远不够。然而,此时的情况要好于预期。当任意误码的 Kraus 算子 M_μ 为线性组合形式时,其恢复过程和上述情况相同。为此考虑一个用 Kraus 算子表示的误码 T_F

$$F_\sigma = \sum_\mu m'_{\sigma\mu} M_\mu = \sum_\mu m_{\sigma\mu} \tilde{M}_\mu \tag{9.31}$$

将恢复算子作用在一个受 F_σ 影响的码字中,得到

$$R_v F_\sigma \mid \bar{j} \rangle_A = \frac{1}{\sqrt{\tilde{C}_v}} \sum_k \sum_\mu m_{\sigma\mu} \mid \bar{k} \rangle_A \langle \bar{k} \mid \tilde{M}_v^\dagger \tilde{M}_\mu \mid \bar{j} \rangle_A = \sqrt{\tilde{C}_v} \, m_{\sigma v} \mid \bar{j} \rangle_A \tag{9.32}$$

回到在扩展空间 $\mathcal{H}_A \otimes \mathcal{H}_E \otimes \mathcal{H}_B$ 上的描述的误码和恢复操作,有

$$\sum_{v\sigma} R_v F_\sigma \mid \bar{j} \rangle_A \otimes \mid \sigma \rangle_E \otimes \mid v \rangle_B = \mid \bar{j} \rangle_A \otimes \sum_{v\sigma} \sqrt{\tilde{C}_v} \, m_{\sigma v} \mid \sigma \rangle_E \otimes \mid v \rangle_B = \mid \bar{j} \rangle_A \mid \Psi \rangle_{EB} \tag{9.33}$$

因此误码得以纠正。

现在知道纠错的必要条件,回到之前的内容并考虑基础误码 $E_a \in \varepsilon$,可以从中建立所有其他的误码情况。定义 T_ε 的 Kraus 表示为 $\sqrt{p_a} E_a$,其中 $0 \leqslant p_a \leqslant 1$,且 $\sum_a p_a = 1$。则当且仅当码空间满足

$$_A\langle \bar{j} \mid E_b^\dagger E_a \mid \bar{k} \rangle_A = C_{ba} \delta_{\bar{j}\bar{k}} \tag{9.34}$$

时,才可以从 T_ε 中恢复原码。但如果可以从 T_ε 中恢复原码,则可以恢复任何线性组合为 $E_a \in \varepsilon$ 的 Kraus 组合误码。举例而言,在小于等于 t 的量子比特中,如果 ε 包含比特翻转,相位翻转或者二者兼有的情况,则当编码满足上述条件时,可以恢复所有小于等于 t 的量子比特中的误码。

9.2　实例:CSS 码

现在了解一类特殊的量子码,CSS 码。然而,在讨论之前,有必要了解一些经典线性码的知识。称一个将 k 位信息加密成 n 位信息的线性码为 $[n,k]$ 码,它可以用一个组成元素为 0 和 1 的 $n \times k$ 矩阵(n 行 k 列)表示。该矩阵为 G,称为生成矩阵。通过将其写成一个长度为 k 的列矢,并将该矢量与生成矩阵相乘得到一个长度为 n 的列矢,即码字,从而实现了一个 k 位二进制码加密成一个 n 位二进制码的操作。这里所有的操作都是对 2 取模运算,所以这些矢量和矩阵中的元素都位于矢量域 F_2,由 0 和 1 构成,且加法和乘法都是在对 2 取模运算模式下。举例而言,考虑 $[6,2]$ 码和生成矩阵

$$G = \begin{pmatrix} 1 & 0 \\ 1 & 0 \\ 1 & 0 \\ 0 & 1 \\ 0 & 1 \\ 0 & 1 \end{pmatrix} \tag{9.35}$$

按照如下规则加密:

$$\begin{pmatrix} 0 \\ 0 \end{pmatrix} \rightarrow \begin{pmatrix} 0 \\ 0 \\ 0 \\ 0 \\ 0 \\ 0 \end{pmatrix} \quad \begin{pmatrix} 1 \\ 0 \end{pmatrix} \rightarrow \begin{pmatrix} 1 \\ 1 \\ 1 \\ 0 \\ 0 \\ 0 \end{pmatrix} \tag{9.36}$$

并以此类推码字空间 C 由 G 的列矢张成。这些列矢和 F_2 域中的矢量线性无关,所以其加密方式是唯一的。C 中每个矢量都会经过加密操作后转变成为一个码字。

　　另外一种描述码子空间的方法是增加约束项。假设一个几维空间内存在一个 k 维编码子空间,所以可以增加 $n-k$ 个约束项来描述该编码子空间。可以通过一个 $n-k$ 行 n 列矩阵 H 实现。编码子空间是一组 n 维矢量集,通过 H 将其映射为零矢量。如果 $n-k$ 个约束项之间互相独立,则 H 中所有行之间都是互相独立的。H 称作校验矩阵,接下来将会看到校验矩阵的纠错能力很强。

　　显然,G 和 H 是相关联的。因为 G 的列位于码子空间中,有 $HG=0$。现在要求 $[6,2]$ 码对应的 H。它是一个 4×6 矩阵,并且 H 中所有行都必须和 G 中所有列正交。这意味着需要四个线性无关的六维空间矢量,且都正交于 G 中的两个列。注意到 $(110)^T$ 和 $(101)^T$ 是线性无关的且正交于 $(111)^T$,其中 T 代表转置。因此可以选择

$$H = \begin{pmatrix} 1 & 1 & 0 & 0 & 0 & 0 \\ 1 & 0 & 1 & 0 & 0 & 0 \\ 0 & 0 & 0 & 1 & 1 & 0 \\ 0 & 0 & 0 & 1 & 0 & 1 \end{pmatrix} \tag{9.37}$$

　　校验矩阵在检错和纠错中作用明显,因为一个误码通常会将一个码字移出编码子空间,并通过在被破坏的码字上作用一个校验矩阵 H 来检错。为了解其工作原理,先定义码重的概念,它是由 0 和 1 构成的 n 维空间矢量中元素 1 的数目。通常将受扰后的码字 x 表示为 $x+e$,其中 e 是一个 n 维矢量,代表误码。e 中的每一个

元素 1 都会引发 x 中的一个比特翻转误码,因此比特翻转误码的个数等于 e 的码重。注意到因为 $Hx=0$,有 $H(x+e)=He$,称 He 为误码 e 的校验子。定义码距为任意非零码字的码重,即任意非零 $x \in C$。Hamming 距离,也称距离,是两个码字 x 和 y 之间对应每一位元素不同的数目,与 $x+y$ 的码重相同。将此距离定义为 $d(x, y)$。根据这些定义,当 $x \neq y$ 时,$d(x, y)$ 将大于等于码字的码重,因为 $x+y$ $\in C$,其码重必须大于等于码字的码重。因此,如果一个码 C 的码重为 $2t+1$,则码重为 t 的误码将不会改变码文信息。每个误码都会产生一个独一无二的校验子,因此误码得以纠正。为了证明这一理论,注意到如果 $e_1 \neq e_2$,但是 $He_1 = He_2$,则 $H(e_1+e_2)=0$ 使得 $e_1+e_2 \in C$。但这是不可能成立的,因为 e_1+e_2 的码重小于等于 $2t$,但是码的码重是 $2t+1$。因此 $He_1 \neq He_2$,且误码校验子是唯一的。一旦知道哪个位置发生了误码,称为 e,就可以对受干扰的码字作用一个 e 来纠错,因为 $(x+e)$ $+e=x$。

对于每个码 C,存在一个对偶码 $C^{\perp}$。这是因为可观测量 $HG=0$,意味着 $G^T H^T = 0$,因此可以将 H^T 看作 $[n, n-k]$ 码的生成矩阵,且 G^T 是它的校验矩阵。该式意味着每个在 $C^{\perp}$ 中的码和矩阵 G 当中所有的列正交,因此每个在 $C^{\perp}$ 中的码字都和 C 中的所有码字正交。因为在 F_2^n 域中的矢量和本身正交,C 和 $C^{\perp}$ 可交互。如果 $C \subseteq C^{\perp}$,则称一个码是弱自对偶的,如果 $C = C^{\perp}$,则称其为自对偶的。对于一个 $[n, k]$ 码,要使其是自对偶的,必须使 $n=2k$。

为了对经典线性码进行一个简要总结,需要证明关于 C 和 $C^{\perp}$ 相关的恒等式,并很快用到。该恒等式为

$$\sum_{x \in C} (-1)^{x \cdot y} = \begin{cases} 2^k & y \text{ 在} C^{\perp} \text{中} \\ 0 & y \text{ 不在} C^{\perp} \text{中} \end{cases} \tag{9.38}$$

第一部分很好理解。如果 $y \in C^{\perp}$ 且 $x \in C$,则 $x \cdot y = 0$。现在,由于 C 有 2^k 个码字,即得到了第一个结果。第二部分遵循如下的恒等式,其中 $w \in \{0, 1\}^k$,

$$\sum_{v \in \{0,1\}^k} (-1)^{v \cdot w} = 0 \tag{9.39}$$

且 $w \neq 0$。对某些 $v \in \{0, 1\}^k$ 时,可以将 $x \in C$ 表示为 $x = Gv$,所以

$$\sum_{x \in C} (-1)^{x \cdot y} = \sum_{v \in \{0,1\}^k} (-1)^{(Gv) \cdot y} = \sum_{v \in \{0,1\}^k} (-1)^{v \cdot (G^T y)} = 0 \tag{9.40}$$

如果 $G^T y \neq 0$。但是,$G^T y \neq 0$ 意味着 y 不在 $C^{\perp}$ 中。

现在可以利用这些经典码定义一个量子码。令 C_1 为一个 $[n, k_1]$ 经典码,C_2 为一个 $[n, k_2]$ 经典码,其中 $k_1 > k_2$ 且 $C_2 \subset C_1$。假设 C_1 的码重为 d_1 且 $C_2^{\perp}$ 的码重为 $d_2^{\perp}$。定义 C_1 当中的两个元素 x 和 y 当且仅当 $x+y \in C_2$ 时相等。这使得 C_1 变成 $|C_1|/|C_2| = 2^{k_1 - k_2}$ 的等价类,或者陪集。对每个陪集定义一个 n 量子态

$$|x+C_2\rangle=\frac{1}{\sqrt{|C_2|}}\sum_{y\in C_2}|x+y\rangle \tag{9.41}$$

陪集不交互说明这些量子态在不同的陪集中关于 x 和 x' 正交。这些量子态在 n 维量子比特空间内可以张成一个 $2^{k_1-k_2}$ 维子空间,因此这是一个 $[n,k_1-k_2]$ 量子码;它将 k_1-k_2 量子比特加密为 n 量子比特。

现在研究对此量子态中每个量子比特作用一个 Hadamard 门 $H^{\otimes n}$ 时的情况。回顾之前的式子

$$H^{\otimes n}|x\rangle=\frac{1}{2^{n/2}}\sum_{y=0}^{2^n-1}(-1)^{x\cdot y}|y\rangle \tag{9.42}$$

因此

$$
\begin{aligned}
H^{\otimes n}|x+C_2\rangle &=\frac{1}{\sqrt{|C_2|}}\sum_{y\in C_2}\frac{1}{2^{n/2}}\sum_{u=0}^{2^n-1}(-1)^{(x+y)\cdot u}\\
&=\frac{1}{2^{(n+k_2)/2}}\sum_{u=0}^{2^n-1}(-1)^{x\cdot u}\sum_{y\in C_2}(-1)^{y\cdot u}|u\rangle\\
&=\frac{1}{2^{(n-k_2)/2}}\sum_{u\in C_2^\perp}(-1)^{x\cdot u}|u\rangle
\end{aligned}
\tag{9.43}
$$

现在得到的是一个在 $C_2^\perp$ 当中的相位叠加码。正如所见,该操作可以纠正比特翻转误码和 $C_2^\perp$ 中的相位翻转误码。

假设 $d_1>2t_f+1$ 且 $d_2^\perp>2t_p+1$。该码能够纠正 t_f 个比特翻转误码和 t_p 个相位翻转误码。现在令 e_1 为码重小于 t_f 的矢量,e_2 为码重小于 t_p 的矢量。e_1 中 1 的个数对应比特翻转,e_2 中的 1 的个数对应于相位翻转。这些误码产生如下变换

$$|x+C_2\rangle\rightarrow\frac{1}{\sqrt{|C_2|}}\sum_{y\in C_2}(-1)^{(x+y)\cdot e_2}|x+y+e_1\rangle \tag{9.44}$$

为了纠正比特翻转误码,引入一个附加 n 量子比特,并作用一个幺正算子

$$U_f|v\rangle|0\rangle=|v\rangle|H_1v\rangle \tag{9.45}$$

其中 H_1 是 C_1 的校验矩阵。得到

$$
\begin{aligned}
&U_f\Big(\frac{1}{\sqrt{|C_2|}}\sum_{y\in C_2}(-1)^{(x+y)\cdot e_2}|x+y+e_1\rangle\Big)|0\rangle\\
&=\Big(\frac{1}{\sqrt{|C_2|}}\sum_{y\in C_2}(-1)^{(x+y)\cdot e_2}|x+y+e_1\rangle\Big)|H_1e_1\rangle
\end{aligned}
\tag{9.46}
$$

现在用标准基测量附加态。标准结果可以确定哪个量子比特发生相位翻转,等价于 C_1 可以纠正 t_f 个比特翻转误码。在这些被翻转的位上作用一个 X 算子进行恢复操作,并舍弃附加态。现在的量子态为

$$\frac{1}{\sqrt{|C_2|}}\sum_{y\in C_2}(-1)^{(x+y)\cdot e_2}|x+y\rangle \tag{9.47}$$

现在对该量子态作用一个 Hadamard 门 $H^{\otimes n}$

$$H^{\otimes n}\frac{1}{\sqrt{|C_2|}}\sum_{y\in C_2}(-1)^{(x+y)\cdot e_2}|x+y\rangle$$

$$=\frac{1}{\sqrt{|C_2|}}\sum_{y\in C_2}\frac{1}{2^{n/2}}\sum_{u=0}^{2^n-1}(-1)^{(x+y)\cdot(e_2+u)}|u\rangle \tag{9.48}$$

$$=\frac{1}{2^{(n-k_2)/2}}\sum_{u+e_2\in C_{\frac{1}{2}}}(-1)^{x\cdot(u+e_2)}|u\rangle$$

$$=\frac{1}{2^{(n-k_2)/2}}\sum_{u'\in C_{\frac{1}{2}}}(-1)^{x\cdot u'}|u'+e_2\rangle$$

其中 $u'=u+e_2$。现在增加一个附加 n 量子比特，并作用一个幺正算子使得

$$U_p|v\rangle|0\rangle=|v\rangle|G_2^T v\rangle \tag{9.49}$$

其中 G_2 是 C_2 的生成矩阵，因此 G_2^T 是 $C_2^\perp$ 的校验矩阵。这样便得到

$$U_p\Big(\frac{1}{2^{(n-k_2)/2}}\sum_{u'\in C_{\frac{1}{2}}}(-1)^{x\cdot u'}|u'+e_2\rangle\Big)$$

$$=\Big(\frac{1}{2^{(n-k_2)/2}}\sum_{u'\in C_{\frac{1}{2}}}(-1)^{x\cdot u'}|u'+e_2\rangle\Big)|G_2^T e_2\rangle \tag{9.50}$$

再次用标准基测量辅助系统，确定发生翻转的位置。在这些发生翻转的位上作用一个 X 算子进行恢复，并舍弃附加态。现在的量子态为

$$\frac{1}{2^{(n-k_2)/2}}\sum_{u'\in C_{\frac{1}{2}}}(-1)^{x\cdot u'}|u'\rangle \tag{9.51}$$

现在对该量子态作用一个 Hadamard 门 $H^{\otimes n}$，根据式(9.43)和 $H^2=I$，得到

$$H^{\otimes n}\frac{1}{2^{(n-k_2)/2}}\sum_{u'\in C_{\frac{1}{2}}^\perp}(-1)^{x\cdot u'}|u'\rangle=\frac{1}{\sqrt{|C_2|}}\sum_{y\in C_2}|x+y\rangle \tag{9.52}$$

所有误码都被纠正了。注意到如果假设 $t_f=t_p=t$，就证明了可以纠正 t 个比特翻转，t 个相位翻转误码或两种误码之积为 t 的数量的误码。这意味着可以纠正所有小于等于 t 量子比特的误码。

　　关于 CSS 码的一个实例是七量子比特 Steane 码，它可以纠正单量子比特误码。该编码基于经典 $[7,4]$Hamming 码。选择一个整数 $r\geqslant 2$ 并作用在校验矩阵 H 上得到该 Hamming 码，H 的列为长度为 r 的 2^r-1 比特串，但不包括全为 0 的比特串。因此得到了一个 r 列 2^r-1 行校验矩阵，其生成算子是一个 2^r-1 列 2^r-r-1 行的矩阵，因此得到一个 $[2^r-1,2^r-r-1]$ 码。如果 $r=3$，就得到了 $[7,4]$ 码。该码

的校验矩阵为

$$H = \begin{pmatrix} 1 & 0 & 1 & 0 & 1 & 0 & 1 \\ 0 & 1 & 1 & 0 & 0 & 1 & 1 \\ 0 & 0 & 0 & 1 & 1 & 1 & 1 \end{pmatrix} \tag{9.53}$$

该码的码距为 3。首先注意到比特串 $x_3 = (1110000)^T$，其码重为 3，满足 $Hx_3 = 0$，因此它位于该码中。如果 x_1 的码重为 1，则 $Hx_1 = 0$ 意味着 H 中的每一列必须全为零，这种情况不存在。因此，不存在码重为 1 的码。如果 x_2 码重为 2，则可以将其表示为 $x_2 = x_1 + x'_1$，其中 x_1 和 x'_1 码重均为 1 且 $x_1 \neq x'_1$。则 $H(x_1 + x'_1) = Hx_1 + Hx'_1 = 0$ 意味着 H 中的两列都必须是相同的，这种情况也不成立。因此，不存在码重为 2 的码，因此该码的码距为 3，其生成矩阵为

$$G = \begin{pmatrix} 1 & 0 & 0 & 1 \\ 0 & 1 & 0 & 1 \\ 1 & 1 & 0 & 1 \\ 0 & 0 & 1 & 0 \\ 1 & 0 & 1 & 0 \\ 0 & 1 & 1 & 0 \\ 1 & 1 & 1 & 0 \end{pmatrix} \tag{9.54}$$

注意到 H 中的每一行都在该码中，并且就是矩阵 G 的前三列。由前三列元素构成的矢量两两正交。

矩阵 H^T 是对偶码的生成矩阵，是一个 [7,3] 码。在这种情况下，$C^{\perp} \subset C$ 且 $C^{\perp}$ 由 C 中的码组成，并且码重为偶数。该码的码距同样为 3。

为了构建一个 CSS 码，取 $C_1 = C$ 且 $C_2 = C^{\perp}$，因此 $C_2^{\perp} = C$ 的码重为 3。这意味着 Steane 码可以纠正单量子比特误码。它是一个 [7,1] 量子码（$k_1 - k_2 = 4 - 3 = 1$）。在这种情况下只存在两个陪集，每个陪集中有八个码。令 $y_j (j = 1,2,3,4)$ 是 G 的列，包含单位矩阵的陪集中的码表示为 $c_1 y_1 + c_2 y_2 + c_3 y_3$，其中 $c_j \in \{0,1\}$，其他陪集中的码表示为 $c_1 y_1 + c_2 y_2 + c_3 y_3 + y_4$。注意到第一个陪集中码的码重为偶数，但第二个陪集中码的码重为奇数。

9.3　无退相干子空间

目前已经系统地研究了用于抵抗退相干影响的纠错码。接下来再介绍一种抵抗退相干的方法，该方法的优势为：如果量子比特受到同一种误码影响，则子空间就不受退相干影响。

先以单量子比特为例并假设它受到随机相位误码的影响。特别地,有

$$|0\rangle \to |0\rangle \qquad |1\rangle \to e^{i\varphi}|1\rangle \tag{9.55}$$

其中,φ 遵循概率分布 $p(\varphi)$。假设初始量子态为 $|\psi\rangle = a|0\rangle + b|1\rangle$,接下来研究上述初始态在这种退相干(相位退相干)效应下的变化情况。定义算子 $R(\varphi) = \exp[i\varphi(I-\sigma_z)/2]$,使得 $R(\varphi)|0\rangle = |0\rangle$ 且 $R(\varphi)|1\rangle = e^{i\varphi}|1\rangle$,发生退相干效应后,该量子比特的密度矩阵为

$$\rho = \int_0^{2\pi} d\varphi\, p(\varphi) R(\varphi)|\psi\rangle\langle\psi|R^\dagger(\varphi) \tag{9.56}$$

$$= |a|^2|0\rangle\langle 0| + |b|^2|1\rangle\langle 1| + a^*bz|1\rangle\langle 0| + ab^*z^*|0\rangle\langle 0|$$

其中

$$z = \int_0^{2\pi} d\varphi\, p(\varphi) e^{i\varphi} \tag{9.57}$$

因为 $|z| \leqslant 1$,相位退相干效应会导致初始密度矩阵中非对角元素的值变小。相位均匀分布($p(\varphi) = 1/2\pi$)时为特殊情况,此时 $z = 0$,且非对角元素互相抵消。这导致初始态 $|\psi\rangle$ 的相位信息被完全破坏。

现在分析双量子比特情况,假设这种情况下初始态受到同样的随机相位误码影响。这意味着在受到了相位退相干影响后,双量子比特态 $|\Psi\rangle$ 的密度矩阵表示为

$$\rho = \int_0^{2\pi} d\varphi\, p(\varphi) R(\varphi)\otimes R(\varphi)|\Psi\rangle\langle\Psi|R^\dagger(\varphi)\otimes R^\dagger(\varphi) \tag{9.58}$$

注意到在这种退相干影响下,量子态的变化情况为 $|0\rangle|1\rangle \to e^{i\varphi}|0\rangle|1\rangle$ 且 $|1\rangle|0\rangle \to e^{i\varphi}|1\rangle|0\rangle$,类似于单量子比特在受到相位随机码影响下的变化情况。进一步讲,任何如下的叠加形式

$$R(\varphi)\otimes R(\varphi)(a|0\rangle|1\rangle + b|1\rangle|0\rangle) = e^{i\varphi}(a|0\rangle|1\rangle + b|1\rangle|0\rangle) \tag{9.59}$$

等价于整个量子态乘以一个相位因子。当这类量子态被代入式(9.58),整体相位就会被抵消且量子态保持不变。因此,形式为 $(a|0\rangle|1\rangle + b|1\rangle|0\rangle)$ 的量子态不受相位退相干影响。

可以利用上述性质来保护单量子比特免受相位退相干影响,即在一个由 $|0\rangle|1\rangle$ 和 $|1\rangle|0\rangle$ 张成的子空间中将单量子比特加密为一个双量子比特。尤其是可以将单量子态 $|0\rangle$ 加密成 $|0\rangle|1\rangle$,将单量子态 $|1\rangle$ 加密成 $|1\rangle|0\rangle$。只要相位退相干以同种方式影响两个量子比特,这种加密方式会确保任意单量子比特免受相位退相干效应影响。

9.4　问题

1.证明一个三量子比特的比特翻转误码,$|0\rangle \to |0\rangle^{\otimes 3}$ 且 $|1\rangle \to |1\rangle^{\otimes 3}$,满足误码

集 $\{I,X_1,X_2,X_3\}$ 和 $\{I,Y_1,Y_2,Y_3\}$ 的量子纠错条件,但是不满足联合集 $\{I,X_1,$ $X_2,X_3,Y_1,Y_2,Y_3\}$ 的量子纠错条件。

2.对于一个非简并 $[n,k]$ 量子码,每个误码将一个码空间映射到一个不同的子空间中,且所有子空间互相正交。假设要纠正最多 t 个单量子比特误码, X,Y 或者 Z 。

(1)证明

$$\sum_{j=0}^{t} \binom{n}{j} 3^j \leqslant 2^{n-k}$$

这是量子 Hamming 码的极限值。

(2)求 $k=1$ 且 $t=1,2$ 时在此极限值下 n 的最小值。

3.求三量子比特在受到相同的随机相位噪声误码干扰时的退相干子空间。

4.现在讨论一种抵御码字删除影响的编码形式。删除意味着码文中丢失了一个量子比特。考虑删除效应作用在三维量子比特上的情况。现有一个三维量子比特加密法则的加密方式:

$$|0\rangle \rightarrow \frac{1}{\sqrt{3}}(|000\rangle + |111\rangle + |222\rangle)$$

$$|1\rangle \rightarrow \frac{1}{\sqrt{3}}(|012\rangle + |120\rangle + |201\rangle)$$

$$|2\rangle \rightarrow \frac{1}{\sqrt{3}}(|021\rangle + |102\rangle + |210\rangle)$$

现在通过此加密方式将一个一般的三维单量子态 $|\psi\rangle = \alpha|0\rangle + \beta|1\rangle + \gamma|2\rangle$ 加密成一个三维三量子态。

(1)证明如果三维三量子态中被删除了两个三维量子比特,剩下的 $|\psi\rangle$ 中将不再包含量子态信息。

(2)证明如果三维三量子态中只被删除了一个三维量子比特,可以完美地恢复量子态 $|\psi\rangle$ 的信息。

参考文献

[1] J. Preskill, *Lecture notes for Physics* 219: *Quantum Computation*. http://www.theory.caltech.edu/people/preskill/ph229/

[2] D.A. Lidar, K.B. Whaley, Decoherence-free subspaces. In *Irreversible Quantum Dynamics*, ed. by F. Benatti, R. Floreanini. Lecture Notes in Physics, vol. 622 (Springer, Berlin, 2003), p. 83 and quant-ph/0301032

索 引